Ⓢ新潮新書

秦 郁彦
HATA Ikuhiko

ウクライナ戦争の軍事分析

1000

新潮社

序

「戦争に参加しない人ほど口うるさい者はない」（チャールズ・モンタギュー卿）という警句を思いだすほど、ウクライナ戦争はこの一年余、ホットな話題でありつづけた。どんな戦争もいずれは終わるものだが、その予兆はまだ見えない。

情報化時代の恩恵で、メディアが供給する関連の情報量は溢れるほどだったから、およその経過をフォローするには困らなかった。しかし情報のなかには「真実であってもおかしくない嘘」（マキャベリ）が大量にまぎれこんでいるし、最高レベルの政策決定をめぐる内情は知りようがない。

本書はこうした環境条件の不定要素は承知の上で、ウクライナ戦争が満一年を越した節目を機に、今までの軌跡を主として軍事作戦の観点から検分してみた中間報告である。

執筆に着手したのは昨年の六月頃だが、戦局の転変と同時進行になったので、そのつど情報の更新と検証に追われ、作業の進捗はかなりおくれてしまった。それでも昨年末から露ウ両軍の戦線は膠着したまま動きが少なく、「ゲームチェンジャー」になりそうな新兵器も登場しなかったのに助けられ、何とか四月末に擱筆することができた。

気になるのは、今後の戦局の動きである。内外のマスコミは、近く両軍の大規模な攻勢が始まりそうだとしきりに予告している。四月三〇日にはゼレンスキー大統領が「まもなく重要な戦闘が始まる」と宣言した。「起承転結」の承から転へ移る時機が迫っているという認識からだろうが、その時期と場所、さらに勝敗のほどを予見できる人はいないはずだ。

転から結へ移る段階はもっと見えにくいが、成否はともかくすでに停戦や休戦を模索する動きは始まっている。転と結の領域は本書の考察対象ではないが、仮想のシナリオを提示する手法で一応の展望を試みるのは可能だと考えた。

ここで本書の内容と構成をざっと紹介すると、第一章は侵攻初期のキーウ争奪戦、第二章はその前史、第三章では昨年末までの東部と南部戦場の攻防が主題となる。

第四章では視角を変え分野別に航空戦、海上戦、兵器と技術のほか、米国やＮＡＴＯの対ウクライナ支援や対露制裁などを概観した。そして第五章では年初から四月末に至る最近の戦況をたどり、さらに和平への道筋を展望してみた。

だが起承転結が終っても、ウクライナ戦争の全体像が解き明かされるとは限らない。われわれが抱いた疑問の多くは、疑問のままに残る予感さえする。

ウクライナ侵攻がプーチンという怪物の個人的プロジェクトに近いとすれば、彼の正直な「証言」なしには戦争の核心には踏みこめないが、それはほぼ期待できないからである。

それでもヒトラーやスターリンのような先行者がそうだったように、プーチンといえども冷厳な論理が貫徹する軍事作戦の行方を恣意的に操作しきれるものではない。

そこに着目して著者はウクライナ戦争の経過を「何が起きたのか、なぜそうなったのかを過不足なしに叙述する」(ランケ) ことに徹したいと念じている。

二〇二三年四月

東京・目黒にて

秦 郁彦

ウクライナ戦争の軍事分析……目次

序　*3*

図表一覧（カッコ内は掲載頁）

ウクライナ全土地図

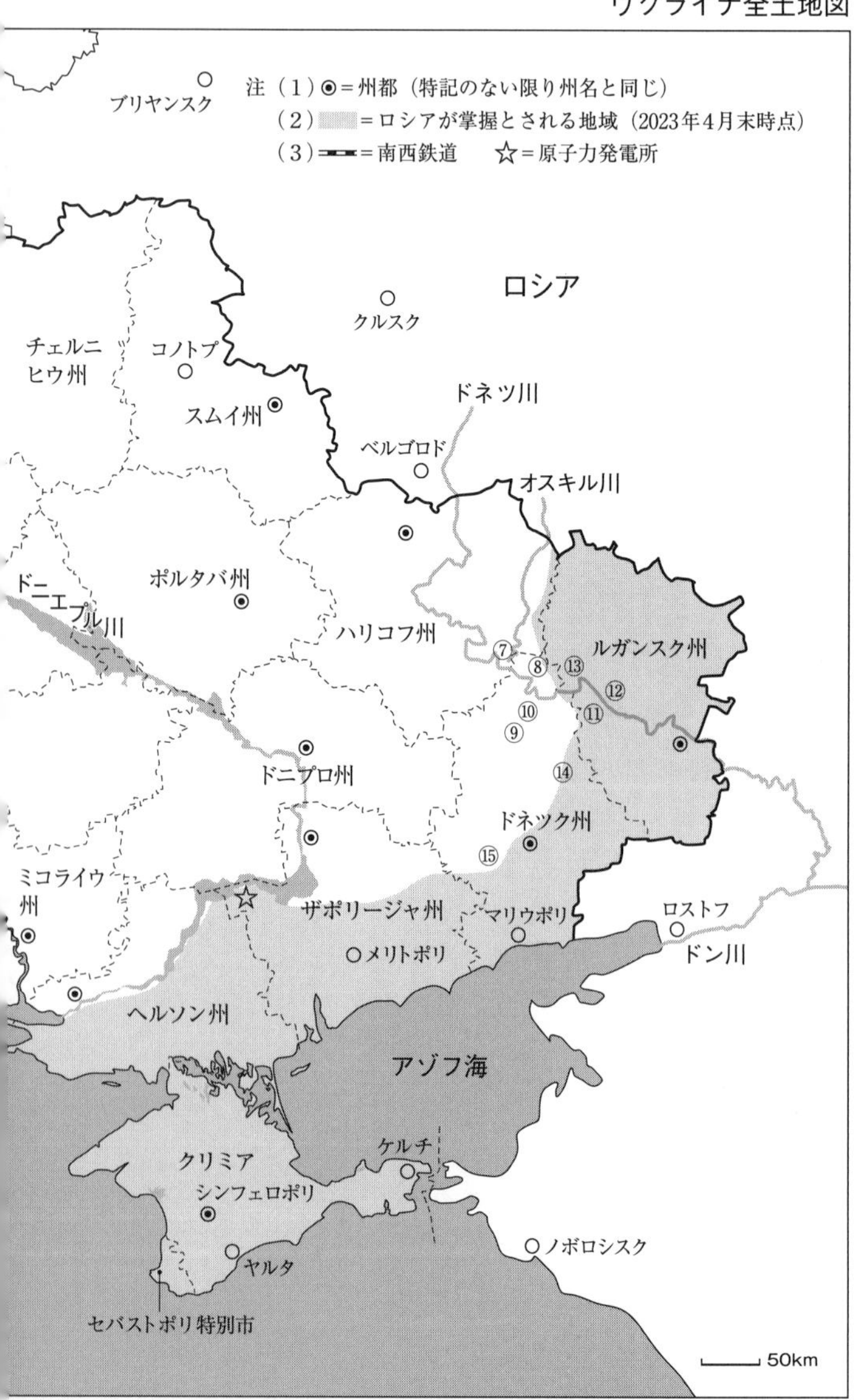

注（1）◉＝州都（特記のない限り州名と同じ）
（2）▒＝ロシアが掌握とされる地域（2023年4月末時点）
（3）▬＝南西鉄道　☆＝原子力発電所
ブリヤンスク
ロシア
クルスク
チェルニヒウ州
コノトプ
スムイ州
ドネツ川
ベルゴロド
オスキル川
ポルタバ州
ドニエプル川
ハリコフ州
ルガンスク州
⑦
⑧
⑬
⑫
⑩
⑪
⑨
⑭
ドニプロ州
ドネツク州
⑮
ミコライウ州
ザポリージャ州
マリウポリ
ロストフ
メリトポリ
ドン川
ヘルソン州
アゾフ海
ケルチ
クリミア
シンフェロポリ
ノボロシスク
ヤルタ
セバストポリ特別市
50km

ベラルーシ
ゴメル
ブレスト
リウネ州
ポーランド
ジトミール州
①
③
②
④
⑤
⑥
キーウ
特別市
ブシェミシェル
リビウ州
キーウ州
フメリニツキ州
テルノポリ州
ヴィンニツァ州
ドニエストル川
モルドバ
共和国
オデーサ州
ルーマニア
沿ドニエストル
共和国
ズミイヌイ島
黒海
①チェルノブイリ
②デミディウ
③イバンキウ
④ホストメリ
⑤ブチャ
⑥ブロバルイ
⑦イジューム
⑧リマン
⑨クラマトルスク
⑩スラビャンスク
⑪リシチャンスク
⑫セベロドネツク
⑬クレミンナ
⑭バフムト
⑮ブフレダル

第一章
「プーチンの戦争」が始まった

「今世紀最悪の戦争となり得る
ものを始めないでくれ」
——グテーレス国連事務総長

渋滞するロシア軍戦車の列

挫折した空挺進攻

二〇二二年二月二四日早朝――。

ロシアのプーチン大統領は「特別軍事作戦」(Special Military Operation) の名目で、ウクライナに対する全面的軍事侵攻を開始した。

プーチンの「開戦宣言」は、モスクワ時間の午前六時(ウクライナ時間では五時、以後は原則としてウクライナ時間で記す)から国営テレビで放送された。その直後に一五〇発以上のミサイルと七五機の爆撃機が、ウクライナ各地の飛行場(一一か所)、軍事施設(七四か所)など九〇か所を攻撃した。

ほぼ同時に二〇万人近いロシア軍の地上部隊は北・北東・東・南の各方面から一斉に国境を突破してウクライナへの進撃を開始する。

地上部隊が進攻する前の数日間に空爆で相手の防空や通信施設を徹底的に叩いて反撃能力を封じ、制空権を確保するのが近代戦の常道とされている。

ところがロシア軍は常道を無視する空地の同時侵攻に踏み切った。しかも空挺部隊も投入して首都キエフ（以後はキーウと表記）を衝く奇襲作戦を試み失敗した。その誤算は次の過誤を招きよせる。

代わってキーウへ急進した地上部隊主力も、ウクライナ軍の巧妙な反撃で立ち往生してしまい、攻めあぐねたロシア軍は、一か月後に主攻勢の正面を捨ててあっさり撤退し、主戦場を東部のドンバス地方へ移すが、ここでも泥沼のような消耗戦に引きこまれていく。

ウクライナ戦争のその後の経過をたどるにあたり、まずは初動段階でロシア軍が犯した二つの重大な失策に注目したい。第一は、首都中枢への奇襲的なぐりこみを狙った放胆な空挺作戦である。

キーウ周辺には四〜五か所の飛行場があったが、主目標に選んだのは、北西27キロのホストメリにある貨物専用のアントノフ国際空港であった。

ヘリコプターで先遣の空挺隊員を降下させ、空港を確保したあと大型輸送機で後続部隊と装備を送りこむ。そして侵攻前から潜入させておいた工作員に誘導させ、一挙にキーウ中心部へ突進し、大統領府や議会を占拠し、カイライ政権を樹立するというシナリオである。

二〇一四年にウクライナ南部のクリミア半島をほぼ無抵抗で奇襲占領したさいの成功体験を再現しようともくろんだのであろう。しかしこの作戦はどうやら、アメリカの情報網に見すかされていたようだ。

二二年の一月中旬、キーウを秘密訪問したCIAのバーンズ長官はゼレンスキー大統領に会って、ロシアは侵攻の初日にヘリボーン作戦でアントノフ空港を奇襲占領し、増援兵力と合流して首都へ急進し、政府を倒して親露派政権を立てるつもりで、それに呼応する協力分子も用意しているようだと伝えた。この内幕情報は、四月三日にウォール・ストリート・ジャーナル紙のスクープとして明るみに出た。

ウクライナ政府が反応して、必要な対策を練ったのは想像にかたくない。そして予告どおり、二月二四日の一〇時過ぎにレーダーの探知を避けるため森の木々を掠めるくらいの低空でアントノフ空港に向かうヘリコプターの群れは、市民が撮影した動画にとらえられ世界中に流布される。

ヘリボーン作戦の概要は、独立系のモスクワ・タイムス紙に紹介されている。それによると、先遣隊は輸送用ヘリ（「空のタクシー」ことMi-8型）の三四機と護衛役の攻撃ヘリ(「空の戦車」ことKa-52型)二機であった。

乗りこんだのは空軍と併立する空挺軍所属の第三一親衛空中強襲旅団に属し、チェチェン紛争やジョージア紛争で戦歴を重ねた精鋭の三〇〇人余だった。テロリズム対応の特殊部隊であるスペツナズ旅団の隊員も加わった。彼らがベラルーシの飛行場で乗りこんだ時には任務の内容は知らされず、飛行中に伝えられたという証言がある。

輸送用ヘリはウクライナ軍の対空射撃をかわしつつ、次々に空港の滑走路と周辺の草地に着陸する。すばやく展開して管制塔、格納庫などの要所を押さえ、有刺鉄線を張った急造の壕にもぐり、主隊の第二波を待った。しかし予定は狂った。

ロシア軍のヘリボーン作戦に備え、待機していたウ軍の第四即応旅団(Rapid Reaction Brigade)が反撃に出る。旅団は、攻めてきたロシアの空中強襲旅団と似た編成(歩兵二個大隊、戦車、砲兵など混成)で、NATO方式の訓練を受けていた精鋭である。

その後の展開を二人のウ軍中尉から聞きとったジェームス・マーソン記者の取材記事(ウォール・ストリート・ジャーナル紙、三月四日付)から引用すると、主力がドンバス地区に配置されていたため即応旅団の兵力は少なかった。携帯用対空ミサイル(スティンガーか?)でヘリ一機を撃墜したあと地上戦に移ったが苦戦しているところへ、空挺部隊のハルチェンコ中尉の指揮する四八人がヘリ三機で送りこまれてきた。彼らはロシア空挺軍の第二波が到来するという予告情報を知り、それを阻止するため急派され、迫撃砲で滑走路を穴だらけに破壊する。読みは的中した。

第二波は四発の大型輸送機（イリューシン76型）一八機が各機に一〇〇～二〇〇人ずつの完全武装兵と装甲車や火砲などを積んで発進していたが、滑走路が使用不能とわかって引き返す。その途中でウクライナ空軍の戦闘機に襲撃され、二機が撃墜されてしまう。搭乗していた二〇〇～四〇〇人の空挺隊員が機と運命を共にしたと推定される。ロシア側は別に約二〇〇機のヘリを待機させていたが出番はなく、逆に六機を失った。

その間に空港内では激しい戦闘が夜を徹してくり返されたが、地理に精通していたウクライナ側が圧倒し、ロシア軍は飛行場外へ追い出され、夜明けにはホストメリの市街地に後退して抵抗をつづけた。

のちにウ軍の捕虜となったポノマレフは「増援が翌朝には来ると信じていたが、来ない代りに二五日朝、ウ軍の二時間にわたる猛砲撃を浴び、人員と装備は破滅的な損害を出した」と語っている。彼は「待ちわびた増援が来たのは三日後だった」とも回想するが、それは空挺の第二波ではなく、ベラルーシとの国境を突破してキーウをめざし南下してきた主攻部隊の一部であった。

そして疲れはてていたヘリボーン部隊に代ったが、後述のような事情で陸路からの補給難に直面した。何とかヘリによる補給で補ったが、それもウ軍の対空ミサイルに叩かれて五日間で二九機（ウ国防省発表）を失っている。首都への進撃どころか、反撃に出たウ軍と一進一退の膠着戦で三月末まで粘るのが精一杯となってしまう。

ここでヘリボーン作戦にひきつづき、ロシア軍地上部隊主力を見舞った苦戦ぶりを注視してみよう。

「私は首都にふみとどまる」

ロシアとウクライナの国境線は2094キロに達するが、二〇二一年秋からほぼ全線にわたり展開したロシア軍の総兵力は、一五万人～二〇万人の規模と推定されている。

その戦闘序列（Order of Battle）については、情報源により多少の差異があるが、ここではユリ・ブッソフ（ウクライナの軍事アナリスト）が作成した開戦時の編制表からの抜粋(ばっすい)を**表1**に示す（注）。
（注） ブッソフは二二年六月、八月、一〇月、一二月に改訂版を作成している。他に樋

口譲次編著『ウクライナ戦争徹底分析』（扶桑社、二〇二二年）の一一六ページを参照。

表1はロシア陸軍（地上部隊）特有の組織名で表記したが、欧米諸国の軍（Army）に相当する部隊の最高単位は、「諸兵科連合軍」（Combined Arms Army）と呼ばれる。諸兵科とは歩兵に相当する狙撃兵を軸に砲兵、戦車、工兵、防空、補給等の兵科を指し、師団―旅団―連隊―大隊……の組み合わせとなる（注）。

（注） 例示すると第四一諸兵科連合軍（司令官は中将、副司令官は少将）は第九〇戦車師団、自動車化狙撃旅団三、砲兵旅団二から、第一親衛戦車軍（中将）は戦車師団二、自動車化狙撃師団一、同旅団二、偵察、対空ミサイル、工兵旅団各一から、戦車第四師団は戦車連隊二、自動車化狙撃旅団一から構成される。

特異な編制単位は大隊戦術群（Battalion Tactical Group、略称はＢＴＧ）である。欧米各国が採用している各兵科混成の旅団レベル、連隊レベルの戦闘団をロシア軍は兵力一千人弱の大隊レベルで編合し、軽量化と機動性の向上をめざした。ジョージア紛争やドンバス戦争で試行して成果を収めたのを機に、全地上部隊をＢＴＧ化する構想を進め、

表1 2022年2月のロシア軍の「戦闘序列」

	グループ名	策源地	攻撃目標	主要部隊	BTG数
1	南西ベラルーシ	ミンスク	予備	空挺2個師団	6～7
2	南東ベラルーシ	ゴメル	キーウ	5A, 29A, 35A, 36A, 68軍団	7～9
3	ブリヤンスク	ブリヤンスク	チェルニヒウ	2A, 41A, 90TKD	3
4	クルスク	ベルゴロド	スムイ	6A , 20A	4
5	ボロネジ	ボロネジ	ハリコフ	1TKA (4TKD, 47TKD)	13～14
6	スモレンスク	スモレンスク	予備	20A, 41A	6～7
7	ロストフ	カメンスク	ドンバス、マリウポリ	8A, ドネツク軍, ルガンスク軍	6
8	クリミア	セバストポリ	ヘルソン、オデーサ	58A, 22軍団	13
9	クバン	クラスノダル	予備	49A	6
	空挺軍			4個師団、3個旅団	

出所：Yuri Butusov *Order of Battle for the 2022 Russian Invasion of Ukraine* (Wikipedia) を著者が補正

注 (1) A は Combined Arms Army (諸兵科連合軍) の略称
(2) BTG は大隊戦術群 (Battalion Tactical Group) の略称
(3) 兵力はロシア軍 17.5万～19万、ドネツク軍2万、ルガンスク軍1.4万
(4) 5A, 29A, 36A は東部、2A, 41A は中央、6A, 20A は西部、8A, 58A は南部各軍管区に所属

ウクライナ戦争では全一六七隊のうち約一二〇隊を投入した。だがキーウ攻防戦で弱点をさらけだし、四分の一が失われたとされる。第二の失策だが詳細は後述したい。

表1に従って初期戦闘の流れを補足すると、各正面とも開戦初日に侵攻を開始してグループ7、8のマリウポリ、ヘルソンは数日のうちにロシア軍の支配下に入った。

5では国境を突破したロシア軍が二月二五日にはウクライナ第二の大都市ハリコフへ迫る。二七日には一部で市街戦となるが、ウクライナ軍は頑強に抵抗した。押しつ押されつの激戦は三か月近くつづくが、エリート部隊とされたロシアの第一戦車軍は五割を超える大損害を蒙り、五月三日に再編成のためモスクワ近くの原駐地へ転進し、責任を負ったキセル軍司令官は解任された。その直後からウ軍は猛反撃に出て、一六日にロシア軍を国境外に追い出し、国境標識の前に立つ兵士たちの集合写真が公開される。

7のドンバス地方では、ルガンスク、ドネツク両州の親露派政権と武装勢力に先陣を委せ、ロシア軍は後詰めに控える態勢をとった。だが八年間つづいた戦闘に慣熟しているウ軍に抑止され、四月に入ってキーウ正面から移ってきたロシア軍と本格的な攻防戦へ移ることになる。

ロシア軍の主攻正面は2のキーウとその周辺だが、二〇〇〇キロに及ぶ多正面に兵力を分散してしまったので、結果的にどの正面も推進力が不足する事態を招いていた。

何よりも、全国土と首都防衛の意気に燃えるウクライナ軍の戦意と支援のアメリカを先頭とするNATO諸国の対応は、プーチンにとっては誤算だったにちがいない。

それでも当初の戦力でロシアの五分の一ないし一〇分の一の格差があったウクライナが善戦しても、勝ち目は乏しいと見られた。「キーウ陥落の可能性は不可避だろう」（二月二五日、ホワイトハウス報道官の記者会見）と判断した米国からは、ゼレンスキー大統領の救出と亡命が打診された。

それに対しゼレンスキーは直ちにSNSの動画で国民に徹底抗戦を訴え、「ロシアの暗殺団は私を標的の第一位に、私の家族を第二位にしているようだ」と洩らしたあと「私はあくまで首都にふみとどまる」と宣言した。

そして総動員令と戒厳令を公布し、成人男子（一八―六〇歳）は国外への移動を禁じ正規軍に召集されるか、領土防衛隊に編入されることになった。

老人と婦女子は国内、国外への避難を認められたが、女性のなかには軍務を志願する者も多く、全兵士の15％にあたる約三万人に達した。各国のメディアはポーランドへ避難する家族と国境の検問所で別れを告げ、前線へ引き返す兵士の姿や、海外滞在から戻って軍務を志願するシーンをくり返し報じる。

大統領の支持率も四割前後にすぎなかったのが、急上昇して八割から九割に達する。

そのゼレンスキー暗殺をもくろむチェチェン共和国の特殊部隊や民間軍事会社「ワグネル」の工作員グループが、侵攻前からキーウに潜入したが、次々に摘発された。確実な情報は得られないが、少なくとも一三件の暗殺未遂が発覚したともされる。摘発には一般市民の協力が大きく、怪しい人物にはウクライナ語で話しかけ、特有のなまりで真偽を見分けたという。

一方、ロシア軍の爆撃やミサイルの攻撃はほぼ軍事施設に集中した。大統領府などの行政府を対象としなかったのは、占領後の統治に利用する狙いだったかと思われる。

三日目以降はテレビ塔や高層集合住宅も標的となり断続的に空襲警報のサイレンが鳴ると、市民たちは地下室か地下鉄の駅構内へ待避した。集合住宅にミサイルが着弾しても、地下室はほぼ安全で、人身の被害は意外に少なく、水や食料など市民生活も何とか維持することができた。

プーチンの目算では、七二時間以内（二六日まで）に首都を占領する予定で、そのさいに住民へ向ける予定の布告文も用意していたのがメディアに洩れ、国営ロシア通信は二六日朝にあわてて取り消す寸劇もあった。

しかし予定日にキーウ市内に進入したとしても、激しい市街戦が待っていただろう。実際にベラルーシ国境から最短路で南進してきたロシア軍の偵察隊は大統領府から9キロのオボロン地区まで達していたのだが、それが限界だった。

◆コラム◆七二時間目の岐路

歴史には「天才的凝縮」と呼べそうな瞬間が訪れると洞察したのは、ステファン・ツワイクである。ウクライナ戦争でそれに近い瞬間を探すとすれば、ロシア軍の侵攻から二日目の二月二五日の夕方、主演はウクライナ軍の最高指揮官を兼ねたゼレンスキー大統領と言えそうだ。

前後する七二時間の舞台裏に焦点をすえ、大統領府の側近（レズニコフ国防相、イエルマク大統領府長官、アレストビッチ顧問ら数人）への取材で構成したNHKスペシャル「ウクライナ大統領府 軍事侵攻・緊迫の72時間」（二〇二三年二月二六日放映）を参考にしつつ、運命の岐路となったその瞬間を探ってみる。

まず注目したいのは、前線部隊の健闘状況を知りえない側近たちの多くが、悲観的気分に包まれていた心理状況である。それは無理もなかった。

レズニコフは侵攻の二日前にベラルーシのフレニン国防相から、攻めこむ意図はないと「確約」されていたこともあり、主攻正面はドンバス地方だろうと判断して軍の主力を東部に振り向け、北部の防衛は手薄にしていた。

追い打ちをかけるかのように、フレニンは開戦翌日の二五日に、ロシアのショイグ国防相からの伝言だとしてウ軍が降伏すれば戦闘は直ちに終わると告げた。前後して別ルートからも降伏勧告が届き、プーチン大統領もウ軍兵士たちにクーデタを起こせと呼びかけている。

ロシア軍の圧倒的な軍事力を知る内外の軍事専門家たちは、ウ軍に勝ち味はなく、七二時間以内に首都キーウは占領されるだろうと推量していた。米欧諸国も半ば見放していたのか、ウ側から至急の援助を打診しても色よい返事はなく、代わってゼレンスキー以下の脱出や亡命を促してきた。ヘリを派遣したいという申し出もあったようだ。キーウの市民たちには、大統領が国外逃亡したとの噂が伝わり、浮足だつ。首都陥落の切迫感から、車や鉄道で避難を始めた市民は二日間で一〇万人に達する。

ゼレンスキーは百人ばかりのスタッフとともに地下の防空室に避難していたが、そこも安全とは言い切れなかった。外部へ通じるトンネル路にロシアの工作員が入りこんだという情報が届いたからだ。重苦しい空気の中で、側近たちからは二〇〜三〇人を残し大統領府を西部のリビウに移動すべきだという声が高まった。

大統領がスタッフを集めて決意を告げたのは、二五日の夕方である。「ここに残るかどうかは各人の判断に委ねる」と告げるや、泣きだす女性もいたという。

それからトレードマークとなったカーキ色のTシャツ姿で、ゼレンスキーは首相、国防相をふくむ四人の側近を連れ地下室を出ると、中庭の一隅に立った。

暮色の迫る午後六時半、自撮りした写真はやや鮮明を欠くが、「われわれは逃げず、屈せず戦う」と宣言し「独立を守るウクライナに栄光あれ」と結んだゼレンスキーの肉声はSNSを通じて世界中に流れ、感動と同情を呼ぶ。

数時間後にロシア軍の前進速度が落ちているとの朗報が届く。その情報を共有した米軍やNATO軍は、テコ入れすればウ軍は持ちこたえそうだと見定め、本格的な軍事援助の投入と対露制裁の発動に踏み切った。

そしてゼレンスキーは、七六時間目に当る二七日午前九時に「私たちは必ず勝つ」と宣言したのである。

泥将軍と渋滞の車列

ロシア軍の戦車・装甲車・歩兵戦闘車、トラックなどの軍用車両が長蛇の列を作っている人工衛星の画像を二月二七日から連日のように提供し欧米のメディアを賑わせたのは、米マクサー・テクノロジーズ社であった。

より精密な衛星情報が米英の情報機関からウクライナ軍に流されていたのは公然の秘密で、米大統領直属の「タイガーチーム」による必要な対策も助言されていたはずだ。

侵攻初日に北部戦線のベラルーシ国境を越えたロシア軍が最初に取りついたのは、一九八六年に最悪の原子力発電所事故の現場となったチェルノブイリである。ソ連邦時代に事故を処理した技術者は建物全体にすっぽり鋼鉄製のシェルターをかぶせ、放射能を封印した。

それでも住民の多くは立ち退き、周辺に立入り禁止区域が設定されていた。ウクライナ軍は当然のことながら武力衝突を避けたので、ロシア軍はほぼ無血で発電所の施設と敷地を占拠し、ウ側の保守要員に管理を委ねる。

発電所側との最初の協議で、ロシア軍将校は「この戦略的施設を守るよう指令を受けた。ウクライナ過激派のテロ攻撃から守るためだ（注）」と告げたという。

（注） 二月二四日から三月三一日までロシア軍（約五五〇人）の占領下にあったチェルノブイリ原発の職員（一七七人）のリーダー格だったワレリー・セメニョフから平野光芳記者がヒアリングした『毎日新聞』の七月一六日付レポートを参照。

それによると、冷却用の外部電源が断絶した危機を「このままでは福島原発事故のようになる」と必死に説得して、ロシア軍に提供させた燃料で非常用発電機を廻し、さらにベラルーシから受電して切り抜けたという。ロシア兵たちは原子力への知識が乏しく、残留放射能が高い敷地の一角に平気で起居していた。

ところでキーウまでの最短ルートはチェルノブイリからドニエプル川の西岸に沿ってまっすぐ南下すればよい。約60キロの道程だから、急げば侵攻二日目の二五日に首都の中心部へ突入するのも不可能ではないと思われた。

それを食いとめた秘策の一つは洪水作戦だった。キーウから北へ30キロ余のデミディウ村付近でドニエプル川の支流イルピン川の橋を落し、さらに首都の水源となっているダムの水門を切って人為的な洪水を起こしたのである。

三か月後にこの村を訪れた朝日新聞の高野裕介記者は、見渡すかぎりの水面は2メートル以上の深さがあり、住民がゴムボートで往来する情景を見ている。当然のことながらロシア軍の軍用車両は足止めをくい、やむなく西へ進路を変えイバンキウを経由してキーウ北西方のホストメリーブチャーイルピンの線へ迂回するしかなかった。

40マイルの車列渋滞が起きた一因は、この迂回行動のせいでもあった。マクサー社の画像解析によると、二七日朝の車列は48キロだったが、二八日にはイバンキウを中心に64キロに伸び、三月三日朝に英国防省筋が、この車列は「この三日間で識別可能なほどの前進をほとんどしていない」とコメントして、大渋滞の発生を再確認した。

他の場所でもこの種の渋滞がいくつも起きたようだが、ロシア国防省は気にしたのか、三月八日に13キロ（ただしドンバスへ向かう）の車列像を公開している。

「死のコンボイ車列」（英デイリー・ミラー紙）と形容されたこの渋滞の原因と影響について、BBC放送で次のような鋭い指摘を加えたのはサー・リチャード・バロンズ将軍（英統合部隊の元司令官）である。

燃料、食料、部品、タイヤまでを輸送するための兵站（へいたん）が大破綻している……多くの車両が次々と泥にはまって動けなくなり、車両を移動させるのが困難になった。

兵站よりもさらに深刻なのは、通信システムの不具合や公衆回線のスマホなどの連絡が麻痺してしまい、上部からの指令が適切に末端へ伝達されていないことだろう。ウクライナ軍はこの車列に対し主として前方と横あいから強烈な打撃をくり返しているが、とどめを刺すには空中からの爆撃が望ましい。


バロンズが指摘している「恐怖の泥将軍」（ラスプティッツァ）の到来は、侵攻するロシア軍にとっては不本意な誤算だったにちがいない。欧州大陸の穀倉と呼ばれてきたウクライナの黒土は、スプーン一杯の水がしみこむと、一夜にして泥土に変ると言われていた。本来だと戦車隊は横一列に展開して守備側の陣地を突破したり包囲したところを、随伴する狙撃兵が敵歩兵を排除して占領する手順になる。だが泥土に阻まれ、舗装された幹線道路しか使えなくなってしまうと、隊列の渋滞は避けられない。

第二次大戦時にモスクワめざして進撃したドイツの機甲軍団は、秋の泥土に悩まされた。それは一九四一年一〇月一〇日頃に始まったとされるが、機甲軍団のグーデリアン将軍は一二日の日記に「ぬかるみにはまってしまい、身動きがとれなくなった」と記している。

ひきつづきナポレオンが悩まされた二五〇年ぶりとされる「冬将軍」の酷寒に襲われたドイツ軍は、首都占領を断念するしかなかった。反撃に出たソ連軍も春の解氷期で動けなくなり、二年目に入って独ソ両軍の大規模な作戦行動は五月までずれこんだ。

この戦訓を承知しているはずのロシア軍は、ラスプティツァの消長に配慮して侵攻作戦を氷結期に開始し、三月中旬の解氷期が到来する前に終了する目算を立てていたはずである。それが狂ったのは暖冬異変のせいだった。しかも寒波と暖気が入れ替る気まぐれな変動を見せたため、適切な予測は立てにくかった。

ここに着目してか、ゆさぶりをかけたのは、バイデン米大統領だった。たとえば一月一二日付のニューヨーク・タイムズ紙は「ロシアとウクライナの国境地帯は暖冬の影響でいまだに凍結しておらず、大統領は気象学者を新たに雇い入れ、プーチンが侵攻を発動する時機を予測するよう命じた」と報じている。

一九日には「地面が凍結するまで、プーチンは侵攻をもう少し待つしかない」と発言したようだ。二七日には、ゼレンスキー大統領へ「侵攻は来月になるだろう」と伝えていた。メディアが予測陣に加わったのは当然で、地面の凍結を〝確認〟したうえでの二六日説、新月の二月一日説が流れた。

氷結・解氷と軍事行動の関係は気温の他に降雨、降雪、風量、風速、日射量、月齢に地域差などの諸要因が複雑にからむが、氷点の上下で判定してみることにしよう。

キーウの気候はわが札幌に似ている。旅行案内書には「最寒の一月は最高気温が氷点下2℃、最低気温は氷点下8℃で、一か月（三〇日）のうち二六日が氷点下」と紹介されている。この温度なら道路も山野も凍結して、キャタピラーの戦車も車輪のトラックも不自由なく走行できる。

表2は二〇二二年一月から三月にかけ、毎日の最高気温と最低気温を表示（抜粋）したものである。基調は暖冬とはいえ、いくつかの波が見てとれる。

最高、最低気温がいずれも氷点下の時期は、おおよそ①一月一〇日から一二日まで、②一月一八日から二六日まで、③二月四日と三月一三日、に限られる。逆にいずれも0℃以上は④一月一日と一月四日から六日まで、⑤二月六日から一一日まで、⑥二月一七日から二四日まで、⑦三月二一日以降、となっていた。

もう少し読みこんで見ると、一月初旬の暖冬ぶりに便乗したバイデンは凍結が一月八日頃から進行していた（ピークは一三日か）のに、月末まで不十分と思いこませ、引き延

表２　2022年1～3月のキーウの気温　摂氏（℃）

	月日	1日	5	8	10	11	12	13	15	16	18	23	26	31
1月	最高気温	7	11	0	−2	−4	−12	1	3	2	−2	−4	−1	0
	最低気温	2	3	−8	−5	−10	−14	−15	1	−3	−5	−6	−7	−1

	月日	1日	4	5	6	7	10	11	15	16	17	20	23	24
2月	最高気温	0	−1	1	5	3	6	7	7	2	8	8	6	4
	最低気温	−3	−8	−9	0	1	2	2	−4	−2	1	2	1	2
	月日	25日	26	27	28									
	最高気温	0	8	4	3									
	最低気温	−1	0	−1	−3									

	月日	1日	5	10	13	15	20	25	31					
3月	最高気温	1	1	0	−1	10	10	11	16					
	最低気温	−3	0	−9	−2	−2	−1	2	4					

出所：Accuweather（USA）、他に BBC Weather など

ばしを謀ったのでは、と推測するのが可能だ。

どうやら二月に入っても暖冬の基調は変らないどころか、ラスプティツァが始まっていた気配もある。二月一一日にドンバスを現場取材した英デイリー・テレグラフ紙の記者は「凍結していない黒土の泥で車両はもちろん徒歩でも移動は困難をきわめ、取材チームは丸太を使って抜けだした」と報告し「ロシア待望のきびしい冬の寒さは今月後半になるだろう」(翌日付の紙面から)と予想した。

だがこの予想は外れた。**表2**を参照すると二月一七日頃から一段と解氷が進み、むしろ三月に入ってから寒気が戻ってきたようだ。プーチンはその谷間に当る二四日に侵攻を決断したことになるが、気象以外の要因もからんでのことなので、次にその内情を検分したい。

首都正面から退散したロシア軍

二月一四日(月曜)には、米国防総省が記者会見でロシアの侵攻は今週中かと発表し、一六日というバイデン情報も流れた。それに対しロシア国防省は一五日に、国境に集中した兵力の一部を駐屯地に戻すと発表して、緊張はゆるむかに見えた。

ではなぜプーチンは迷い、ためらっていたのか。考えてみれば、衆人環視のなかで侵攻の日どりを今日か明日かと論議されるのは異様と表現するしかない。独裁的権力者であるプーチンの心境を確かめるすべはないが、平常心を保つのは容易ではなかったろう。気象条件も念頭に、ずるずると決断を先延ばしして、結果的に最悪のタイミングを択んでしまったのかもしれない。

他にも数説がある。まずは一六日に発動すると予定していたのに、ずばりと予告され、一時は侵攻を断念したが、思い直したとする見方だ。

次に北京の冬季オリンピック開会式に出席して、習近平主席と友好関係を再確認した手前、閉会（二月二〇日）前の侵攻は避けたのだとの推測もある。なかには習が頼みこんだと報じる新聞もあった。

さらに超過死者数で世界ワースト級とされた新型コロナへの対応に追われたのではないかとさまざまだが、所詮は憶測にとどまる。二月一六日説が外れた後も、世界中のメディアが一九日、二一日、二三日とカウントダウンするのをかいくぐって、プーチンは「八日おくれ」となる二四日の全面侵攻へ踏み切った。

ちなみに二月二四日のキーウの気象は、午前五時がプラス２℃（最低）、午後五時がプラス4℃（前年は氷点下4℃）と暖かく無風、視界10キロ、午前は霧、午後は軽い降雪と記録されている。一七日以降は零度を下まわる日は皆無だったから、例年より二週間以上早い雪融けで起きた「泥将軍」に、ロシア軍が足をとられたとしてもふしぎはない。

キーウへ向かう数万の大軍を整然と送りこむには、石田三成張りの兵站専門家による事前の緻密な計画が欠かせない。また実行段階では、渋滞を避けるため、練達の交通整理役も配置する必要があったが、実績から判断すると十分に機能しなかったと言えそうだ。

二月二三日の夜半、衛星画像でウクライナを注視していた米カリフォルニア州居住のJ・ルイス博士は、露領の補給拠点ベルゴロドからハリコフへ向かう幹線道路を進んでいた戦車をふくむ軍用車両の縦列が、三時頃に渋滞を起こしているのに気づく。

ウクライナ軍の情報本部は同じ画像だけでなく、ベラルーシからキーウへ向かう車列を確認し、前線の部署に警報を発した公算が高い。ゼレンスキー大統領はすでに二三日に非常事態宣言を発していたから、翌日早朝にウクライナ軍はぬかりなく配置についていたはずである。

迎撃戦術の委細は公表されていないが、諸情報を総合すると、次のような手法だったかと思われる。


一．直近の敵情は、沿道の樹木や屋根に設置した多数の監視カメラや偵察用の小型ドローンから得た情報を攻撃チームに伝達する。

二．攻撃チームは約三〇人の小集団が標準で、夜間に透視ゴーグルをつけて山岳用の消音バイクで目標近くまで走行する。

三．車両の長い縦列を攻撃するときは、先頭と後尾の車両を破壊して隊列を停止させる。

四．動けなくなった隊列の車両を、沿道の拠点に潜行したチームが各個撃破していく。


この待ち伏せ攻撃には、各種の近接兵器が使用されたが、なかでも威力を発揮したのは、米軍から導入した地対地ミサイルのジャベリンであった。第二次大戦で、歩兵が携行する対戦車兵器として愛用されたバズーカの後継ともいえるが、射程を２５００メートルに延伸し、「撃ったら忘れろ」（fire and forget）の標語が示すように、一人または二人の歩兵が肩に担いで照準したあとは、すぐに移動するので発射位置を探知され反撃されるリスクが格段に小さくなった。

敵戦車に対しては正面からだけでなく、装甲の薄い砲塔上部をめがけ赤外線ホーミングで直上から垂直に直撃するトップ・アタック・モードが好まれた。しかも命中率は94%と伝えられたのでたちまち人気者となり、「聖ジャベリン」と讃えられる。トルコ製のバイラクタルTB2もジャベリンにひけをとらぬ戦果をあげた。

燃えあがったり、泥土にはまりこんだロシア軍戦車の画像は、兵士たちのバイラクタルへの讃歌を背景に、ユーチューブで直ちに配信され一九二九万回も閲覧された。ジャベリンの名声と40マイルの長蛇の列は半ば伝説化したが、正確な収支決算は確定していない。

ゼレンスキー大統領は三月一二日までの戦果を戦車三六〇両、装甲戦闘車一二〇五両と発表した。少し割り引いてもロシア軍は戦力の半ばを失う打撃を受け、首都占領という任務を断念するしかなかった。

戦力だけではない。ウ大統領府は「この車列の中に坐っている兵士の士気は日に日に下がっている」と評した。捕虜の証言もそれを裏付けている。たとえば四八時間分の食料しか持たされていなかった空腹のロシア兵は、車両を捨てて逃散する者が少なくなかったとされる。

開戦初日にチェルニヒウで捕われた第一一空中強襲旅団所属の大尉と伍長は、「ウクライナ侵攻は事前に知らされず、今どこにいるのかもわからない」と自嘲していた。

こうして主攻正面なのに、ロシア軍はキーウの北から北西二十数キロのホストメリ―ブチャ―イルピンを連ねる線でウクライナ軍の反撃により拒止され、一歩も進めなくなる。この間にブチャでは四〇〇人以上の民間人が虐殺される事件が起き、国際問題化する。そして戦争犯罪として訴追する機運が高まり、第三五軍所属の第六四旅団が主犯かと名指しされている。

攻めあぐねたロシア軍は交通の要衝であるジトミールへの進出を狙ったが、やはり阻止され、砲爆撃だけにとどめるしかなかった。

ロシア軍のつまずきは、この戦域だけではなかった。目標は同じキーウだが、ベラルーシ南東部から越境し、州都のチェルニヒウ市（キーウの北々東150キロ）を経てドニエプル川の東岸に沿い南下する支作戦が実施された。戦車九五両をふくむ先遣隊が国境線を突破したのは二月二四日の〇四三五というから、どの正面よりも早かった。

ウクライナ国防省の発表によると、二月二四日朝の八時半には、市に進入してきたロシア軍の攻撃を撃退した。午後にはロシア国防省がチェルニヒウを包囲したと発表している。だがドニエプル川西岸を進撃して首都包囲を急ぐロシア軍主力は迂回してキーウをめざすが、二六日には補給車列が攻撃されて五六両の損害を出す。それでも東岸の支隊は前進をあきらめず、三月九日にはキーウ東郊のブロバルイに到達した。図上では、西郊のイルピンまで進出したロシア軍とゆるい包囲網を形成したかに見えた。

ところが三月九日夜、幹線道路（E-95号線）に渋滞気味の長い車列でのろのろと前進していた第四一軍所属の第九〇戦車師団（主として旧式のT-72型）を待ち伏せしていた第一戦車旅団などのウクライナ軍に痛撃され、戦車第六連隊長（A・ザハロフ大佐）が戦死するなど壊滅的な打撃を受け退却した。

参戦者の一人は「まず先頭と最後尾の車両を炎上させ、逃げまどって道路脇に停止したのを携帯ミサイルや支援の戦闘爆撃機で次々にしとめた。壊滅的な損害を出して後退するのを徹底的に追撃しなかったのが惜しまれる」と証言している。

その画像は広く配信されたが、迫真性では「40マイルの渋滞」よりも、ブロバルイのほうが大きい。

ところでキーウへの進撃を阻止されたロシア軍は三月末にチェルニヒウの包囲を解

いて退散するはめとなる。そのため首都をめざすもうひとつの攻撃軸となるスムイ(Sumy)からの西進部隊と合流して、あわよくばキーウ防衛のウ軍を挟撃しようとした企図は破れてしまう。

軍事アナリストのF・ケイガンは、スムイ・ルートに注目し「キーウへのロシアの進撃路として最も成功しそうで、危険でもある。地形が平坦で人口が少なく、強力な防御陣地がほとんどないからだ」と論評した。

実際にはスムイとその前方のコノトプやアホトイルカには開戦初日からロシア軍が攻めかかり、三日後には占領しているが、州都のスムイ市を攻めあぐね、その後の動きは鈍く、前進を中止したかにも見える。

しかも二月二八日にウ軍は無人機のバイラクタルでロシア軍戦車の集団を攻撃して九六両を撃破(ウ軍の発表)しているので、推進力を失ってしまったのかもしれない。いずれにせよ、四月上旬にはロシア軍はスムイ州から撤退してしまった。

すなわち北部と北東部正面では一か月ばかりの膠着戦を打ち切り、ロシア軍は全面的に引きあげたことになる。

ウクライナ軍に勝利をもたらしたのは、衛星情報を存分に活用し、地形や天候を知悉しての駆け引きとチームワークの成果だったと総括できる。それを象徴するのが「立ち往生した40マイル（64キロ）の車列」やブロバルイの戦車狩り風景であったろう。

三月二五日、ロシア国防省の第一国防次官は「第一段階の作戦は終了した。次は東部のドンバス地区へ兵力を集中する予定」と記者会見で発表した。

キーウをめざしたロシア軍は、一斉に撤退を開始する。再編成のための余裕を残しての整然たる「転進」ではあったが、第二段階の戦闘へ移る前に、次章では全面戦争に帰着するまでの前史とも言える、ロシアとウクライナ関係の歴史をふり返っておきたい。

第二章

前史
——九世紀から二一世紀まで

「(ロシアの特異性は)病的な外国への
猜疑心、そして潜在的な征服欲、
また火器への異常信仰」
——司馬遼太郎

ジャベリンを抱くマリア像の壁画
© getty images ©Nur Photo

冷戦終結とソ連解体のサプライズ

一般論だが、戦争には近因と遠因がある。ウクライナ戦争の近因は、二〇一四年のロシアによる一方的なクリミア併合だとするのが通説である。しかも、その後の八年、ロシアとウクライナの間では断続的ながら戦争状態がつづいていたと断言する人は少なくない。ゼレンスキーの前任者だったポロシェンコ大統領もその一人である。委細は後述することにして、九世紀から一九九一年のソ連解体に至る長い歴史的背景に遠因を探る見方もあるので、とりあえず一〇〇〇年にわたる両者の宿縁を概観しておきたい。

東ヨーロッパ地域に出現した最初の国家は九世紀に誕生したキーウ・ルーシ大公国である。二世紀ばかりおくれて東隣りにモスクワ公国が台頭した。

キーウの繁栄は、ムソルグスキーの組曲「展覧会の絵」で知られる大門（黄金門）の壮麗さでしのばれるが、一三世紀のモンゴル襲来で破壊され、大公国も滅亡した。

モンゴル人の支配が約二五〇年つづいたあと、東欧の中心はモスクワ公国に移り、一八世紀初頭からピョートル大帝が創建したロマノフ王朝がツァーの君臨するロシア帝国へ引きつがれ、帝国主義時代の列強に仲間入りした。

それまでは単一民族だったのが言語をふくめ、ロシア人、ウクライナ人、ベラルーシ（白ロシア）人に分化する。ウクライナの地はリトアニアやポーランドなどの支配下を転々としたすえ、一八世紀後半には大部分がロシア帝国に吸収された。

一九一七年のロシア革命で帝政ロシアが倒れたあと、赤軍対白衛軍の内戦や資本主義諸国の干渉戦争を切り抜けた共産党の主導で、一九二二年に「ソビエト社会主義共和国連邦」（略称はソ連邦）が誕生、ウクライナ共和国はロシア共和国に次ぐ連邦の有力な一翼として編入される。

ソ連共産党は一党独裁、それも権力がトップ（書記長）に集中する官僚的組織だった。初代のレーニンを継いだスターリンは、第二次世界大戦で二七〇〇万人の犠牲を払いながらもヒトラーの侵攻を押し返し、ドイツを打倒する。そしてアメリカに次ぐ戦勝大国としての地位を確保した実績を背景に、三〇年に及ぶ強権体制を築く。

第二次大戦後の世界は、核大国の米ソを軸に東西の両陣営が対峙する「冷戦」（Cold War）の舞台となる。冷戦は一九四七年から八九年まで四十年余もつづき、その間にキューバ核危機（一九六二）に代表される第三次世界大戦の危機は米ソの自制でかろうじて回避された。そのかわり朝鮮戦争（一九五〇―五三）、ベトナム戦争（一九六四―七五）のように通常兵器に限定した米ソの「代理戦争」が続発する。

冷戦の主戦場と想定されていたのはベルリンを焦点とする西ヨーロッパであった。優勢なソ連軍に対抗するためアメリカは一九四九年に英・仏・カナダなどの一二か国を結集する軍事同盟の北大西洋条約機構（NATO）を組織した。

ソ連も東独・ポーランド・ハンガリーなどの衛星国を集めたワルシャワ条約機構を組織し、NATOと一触即発の緊張をはらみながらも「熱戦」は回避することができた。

その冷戦は突発的に終った。ペレストロイカ（民主化改革）と「グラスノスチ」（情報公開）のスローガンをかかげて登場したゴルバチョフ共産党書記長は、一九八九年一二月、マルタ島でブッシュ米大統領と会談して東西冷戦の終結を確認しあったが、事前にそれを予想し予告した識者はいなかった。

二年後の九一年一二月に起きたソ連邦の消滅も、やはり突発的に起きた。私事になるが、著者はその年の一一月末にモスクワを訪れている。いつもは観光客でにぎわう赤の広場もレーニン廟も閑散としていた。ウォッカの禁令が出ているとかでホテルのバーが閉っていたので外に出た。すると寒空の下でビールの立ち飲みに行列している人々の暗い表情から、導入した市場経済の不振による年間２６００％とされるハイパー・インフレ下の庶民生活の窮迫ぶりを察した。当時は気づかなかったが、大国が機能不全で自壊しつつある姿をかいま見たことになる。

そのあとベルリンに飛ぶと、東西冷戦を象徴する「ベルリンの壁」が崩壊してから二年もたっていないのに、旧ソ連陣営の優等生と目されていた東ドイツは消滅し、西ドイツに吸収されていた。泊ったホテルの地下は悪名高いシュタージ（東独の秘密警察）の幹部たちが連夜の酒宴をくり広げたが今は空っぽだと教えられた。

ソ連崩壊にも近因と遠因があるが、近因としては東ドイツと前後してポーランド、ハンガリー、ルーマニア、バルト三国（エストニア、ラトビア、リトアニア）など東欧諸国のドミノ的離反があいついだことが近因に挙げられよう。

ゴルバチョフ改革が一党独裁を廃止し、私的所有の拡大、自由化と民主化を許容したことに刺激され、衛星国に加えてきた鉄の重圧がゆるむ。民衆蜂起に近い形で共産政権は次々に倒れていった。東ドイツに派遣され、シュタージとともに諜報任務につき、腐敗と混乱の状況を目撃したのが、ＫＧＢ勤務だった若き日のプーチンである。

東欧諸国で激化した民衆運動は、ソ連本土内の共和国にも波及する。ゴルバチョフ大統領はソ連邦の維持を望んでいたが、政敵のエリツィン（ロシア共和国大統領）に阻まれた。そして九一年一二月、ロシア、ウクライナ、ベラルーシの代表が会して、ソ連邦を消滅させ、旧ソ連を構成していた一一の共和国は独立して緊密な協力関係に立つ「独立国家共同体」（ＣＩＳ）を結成することになった。

ベラルーシ、カザフスタン、ジョージアなどをふくむ一一か国のなかで最大の領域を占めたのは、モスクワを首都とし、チェチェンなど二一の自治共和国を包含するロシア連邦で、内外から旧ソ連の後継者と見なされる。

それに次ぐのはウクライナであったが、米国の主導で所在した核兵器をロシア連邦に譲渡したこともあり、軍事力では決定的に格差が開いた。

しかしエリツィンを大統領とする新生のロシアは、改革の途上で保守派と改革派の内紛もあって、旧ソ連の遺産継承に難渋する。とくに国営の企業や農場の民営化など不慣れな資本主義的手法の導入は混乱を招き、赤字財政、インフレの高進、対外債務の累積で経済は麻痺状況を脱しえず、九八年にはＩＭＦの緊急融資で金融危機をしのいだ。

エリツィンの治政は約十年つづいたが、退任にさきだち、ＫＧＢの後身である連邦保安庁（ＦＳＢ）の長官だったお気に入りのウラジミール・プーチンを首相（兼大統領代行）に抜擢（ばってき）したのち二〇〇〇年の選挙で、プーチンは大統領に選出された。

就任にあたりプーチンは「強いロシアの再建」の決意を表明し、各種の改革を進めた。とくに、経済危機を克服し石油、天然ガスの増産と輸出によるエネルギー戦略によって高い成長率を実現、国民生活の向上に成功して、支持率を高めた。

冷戦後に展開された国際環境は、フランシス・フクヤマが「アメリカと民主主義の勝利」（一九八九）と宣言したように、アメリカの一極支配下で安定するかに見えたが、実際にはイスラムを筆頭とする諸文明の対立と相剋に置換されるだろうとしたサミュエル・ハンチントンの予告が的中したかに見える。

湾岸戦争（一九九一）、イラク戦争（二〇〇三）では、強大な軍事力を行使したアメリカと、協同した多国籍軍の圧倒的勝利に終った。だが米中枢への同時テロ（二〇〇一）に触発された国際的テロリズムの脅威に対しては、決め手が見出せないまま、二〇二一年八月に米軍は二〇年にわたり戦っていたアフガニスタンから全面撤退する。

プーチンのロシアは、こうした国際政治の転変には強いて介入せず、傍観していた。経済再建には欧米との交流が欠かせないと認識してか、当初はアメリカ、ＥＵ（欧州連合）、ＮＡＴＯとの協調路線を維持しようと努めた。九四年には主要七か国首脳会議（Ｇ７）に参加し、二〇一四年に除名されるまではＧ８のメンバーとしての地位にとどまった。二〇〇二年にＮＡＴＯ首脳会議に招かれたプーチンは安全保障に関する「ＮＡＴＯ・ロシア理事会」に加入し、メディアは「ロシアがＮＡＴＯの準加盟国になった」と報じている。またウクライナについても、加盟を黙認するかのようなそぶりを見せた。

それが徐々に変ってきたのは、反ロシアと欧米傾斜路線を強めたグルジア（ジョージア）共和国に対し軍事介入した二〇〇八年頃からである。それがウクライナをふくむＣＩＳの共和国に広がるのを嫌ったプーチンは、ＮＡＴＯの東方拡大やそれを支持するアメリカへの不信感を強めていく。

欧米諸国としては、かつての超大国ロシアに対し、それなりの配慮を示したつもりでも、プーチンは「新参者」として居心地の悪さから脱却できなかったのだろう。そうなるとウクライナは、ロシアの引力と欧米の引力がぶつかりあう場として意識されたのかもしれない。

◆コラム◆「さっさと逃げるは……」

多くの日本人にとってロシアは「近くて遠い国」という印象だが、ウクライナはさらに遠い国のひとつだった。

だがこの一年、新聞やテレビでウクライナの名を聞かぬ日はないくらい、なじみ深い話題の種となっている。

そんなある日、妻と同年輩の老女三人が集まってしゃべりあっているのが、耳に入った。ひとりが「攻めこんだロシア軍は負けてばかりなのに参ったと手を退くようすはないわね」と言いだすや、誰かが「そういえば子供のころの手まり歌に、さっさと逃げるはロシヤの兵、とあったのを覚えている」と応じ、三人寄ればのたとえでくだんの手まり歌の歌詞が復元されたところに、初耳の私は顔を出し、書きとらせてもらった。次の通り。

一列談判破裂して
日露戦争始まった
さっさと逃げるはロシヤの兵

死んでも尽すは日本の兵
五万の兵をひきつれて
六人残して皆殺し
七月十日の戦いに
ハルピンまでも攻め破り
クロパトキンの首を取り
東郷大将万々歳

最近は女の子が手まりで遊ぶ風景は見かけないが、多少の考証を試みると、作者は不詳、日露戦争の直後から口伝えで広がったらしいと見当をつけた。

リズムに乗せて一から十までつなぐ都合もあって、史実に符合しない個所が散見するのはやむをえまい。あえて異同を指摘しておくと、大山陸軍大将の満州軍が三月一〇日の奉天会戦に勝利し、敗れたクロパトキン将軍はハルピンに退いて反撃の機を窺っていたが、五月の日本海海戦で東郷海軍大将の連合艦隊がバルチック艦隊を全滅させた。

その間にのちの共産革命につながる国内の騒乱に悩んだロシア皇帝が米大統領の仲介で戦争の継続を断念し、戦力が尽きかけていた日本も応じて一年半の日露戦争は終結したのである。

奉天がハルピンにすりかわったのは気になるが、次はハルピンまで進撃すべしと叫んだ国民の心意気を示したものか、と思案しているうちにふと気づいたのは、ウクライナ戦争との類似性だった。

あえて類推すると三段目のロシヤは残し、四段目の日本をウクライナに、ハルピンをドンバスかクリミアに置き替える。クロパトキンと東郷の役は言わずもがなとしておこう。

キーウの街頭で女の子たちが翻訳された歌詞で手まり遊びに興じる風景が見えてくるような気分になった。

クリミア併合の早業

ウクライナ独立一〇周年を祝う式典に出席したプーチン大統領は「両国は歴史的に兄弟関係」と演説している。その後も彼は折にふれ同主旨の発言をくり返してきた。ではどちらが兄で、弟なのか。

プーチンは当然のように兄であるロシアが弟を指導する立場にあると意識していたが、ソ連邦時代の圧制から抜けだし、独立を果したばかりのウクライナにとって、兄弟説の押しつけは、ありがた迷惑だったにちがいない。

くだんの式典に出席したクチマ大統領は、二年後に出版した著書で「ウクライナはロシアではない」という言い方で自主と自立を望む国民の心情を訴えている。しかし自立と言っても、ソ連時代に形成された相互依存のしがらみはきつく、自由な選択の余地は狭められていた。

たとえばドンバスの重工業や新興のＩＴ産業は、ウクライナ経済の支柱であったが、石油や天然ガスのようなエネルギー源の供給はロシアが押さえていた。

旧ソ連の各種遺産を配分するにあたっては、ロシアが優良物件の大部分を手中に収め、ウクライナは「おこぼれ」を頂戴するに近い結果となった。

とくに軍事分野では、最新鋭の兵器や装備はロシアが確保し、ウクライナ軍には旧式の中古品しか廻ってこなかった。一九九七年には懸案となっていた黒海艦隊の配分で、ウクライナ海軍には少数の小型艦艇しか渡されず、ロシアはクリミア半島のセバストポリ軍港の長期租借権を獲得するかわりに、クリミアのウクライナへの帰属を確認する協定に調印している。

クリミア半島はロシアの領土だったのを、一九五四年にフルシチョフ書記長の裁量でウクライナへ移譲され、ウクライナの独立時にクリミア自治共和国として移行した。ところがクリミアの人口（約二〇〇万）のうち六割がロシア人、二割強がウクライナ人という背景もあって、ロシアではクリミアを取り戻すべきだという論議が根強く、同調するプーチンはその機会を窺っていたと思われる。

好機はやがて来た。親露派とされるヤヌコビッチ大統領が、EUへの加盟に仮調印したのをロシアの抗議で見送ったことに反発する民衆が首都の独立広場（マイダン）に集結し、政権の腐敗ぶりを追及した。

それは大規模な流血デモに発展し、官邸から追い出された大統領は、セバストポリ経由でロシアへ亡命するに至った。二〇一四年二月のいわゆる「マイダン革命」である。

前任者のユシチェンコはNATOへの加盟をめざす親欧米派で、二〇〇四年の大統領選挙ではロシアが推したヤヌコビッチに敗れた。だが選挙に不正ありとして起きたゼネストやデモの抗議運動に欧米諸国の応援もあり、再選挙となってユシチェンコが勝利した。「オレンジ革命」と呼ばれる。

このように、ウクライナの親露派と親欧米派はほぼ拮抗する勢力を保ち、交互に政権を担ってきたのだが、米国主導の「非合法のクーデタ」（プーチン）によってヤヌコビッチが追放されたあとは、親欧米派に政権が移行するだろうと予想された。そうだとすると、ウクライナが西側陣営へ走るのを抑止するためにも、政変による一時的な無政府状態に乗じクリミアと東部ドンバス地方を奪取する好機だと判断したプーチンは、ゴーサインを発動した。

クリミア奪取に成功した内情は錯綜しているので、日録風に摘記しよう。

（一）　二月一八日〜二〇日　マイダン広場の大規模衝突。死者は数百人。
（二）　同二〇日　クリミア自治共和国の代表がモスクワでウクライナからの独立を表明。
（三）　同二一日　ヤヌコビッチ大統領の退散。
（四）　同二三日　トゥルチノフがウ大統領代行に就任、ロシアは非合法だとして否認。
（五）　同二四日　親露派の武装集団がクリミア州都（シンフェロポリ）とセバストポリの市庁舎を包囲。

（六）　同二五日　ロシア海軍が特殊作戦部隊（二〇〇人）をセバストポリ軍港に上陸させ、無抵抗で占拠。
（七）　同二七日　クリミア自治共和国議会は親露派の占拠下でアクショーノフを新首相に選出。
（八）　同二八日　ロシア空挺部隊がヘリでシンフェロポリとセバストポリ空港に着陸して滑走路を封鎖し、続行した輸送機が増援部隊を送りこみ、半島全域を制圧。
（九）　三月一日　プーチンはロシア系住民から保護を要請されたとしてロシア軍の投入を表明。
（一〇）　同二日　ウクライナ海軍の新司令官がロシアに投降。
（一一）　同一日～六日　東部ドネツク州の親ロシア派分離主義者集団が州庁舎を占拠。
（一二）　同一六日　ロシアへの併合の是非を問う住民投票で絶対多数が併合に賛成。
（一三）　同一七日　ウクライナから離脱したクリミア共和国が独立を宣言。
（一四）　同一八日　モスクワでプーチン大統領らとクリミア共和国代表が併合条約に調印。
（一五）　同一九日　ウクライナ軍はクリミア配備の二万五〇〇〇人を撤退させたと発表。

発端の日から一か月足らずの短期間で、しかもウクライナ軍との交戦もなしに、ほぼ無血でクリミア半島を手中に収めたプーチンの早業ぶりには驚嘆するしかない。出し抜かれたNATOやEU諸国も、呆然と見送るしかなかった。

一連の過程で軍事作戦としてキーポイントになるのは（八）の内実だろう。カサトノフ（ロシアの退役提督）とアントン・ラブロフ（ロシアのアナリスト）によると、先鋒のヘリコプター六機と後続のイリューシン大型輸送機三機が輸送したのは参謀本部直轄の特殊作戦部隊「セネトシュ」の隊員（五〇〇人）だったようで、彼らは制服の色からグリーン・メンと呼ばれた。

セバストポリに向った（六）ロシアの海兵も、白昼に堂々と埠頭に横付けした輸送艦から降りたち、無抵抗で港を占拠した。ウクライナ海軍の艦艇も接収され、海軍司令官は投降した。

奇術かと思わせる活劇は、（一二）〜（一四）の過程で発揮される。すなわち三月一六日には、乗っとられたクリミア州と議会の手による怪しげな住民投票により、ロシアへの帰属を九割以上が支持するのを確認した。すると翌日にクリミア共和国がウクライナからの独立を宣言し、一八日にはその代表とプーチンが併合条約に調印している。わずか一日でクリミア共和国は任務を果して消滅したわけだが、独立国家同士の条約という体裁をとっているので、第三者からは異議を唱えにくいし、唱えても既成事実は変えにくい。

三月五日までに投入されたロシア軍の兵力はスペツナズ四個旅団と第三一空挺旅団の一部など六〇〇〇人だったとされる。ハイブリッド戦争の典型として観察した小泉悠は、戯画風な筆致で始終を次のように描いている。

一部ではロシア軍の姿も見え隠れするが、表に出てくるのは現地の住民や素性の知れない「政治家」で……そうこうしている間に法的正統性のない「住民投票」が始まり、勝手にウクライナから「独立」したり、ロシアへの「併合」が決まっていく。これを軍事力で奪回しようにも、前線ではロシア軍の強力な電磁波作戦能力で軍事作戦が麻痺・混乱させられ、後方地域はドローン攻撃やサイバー攻撃に晒される――。

（『現代ロシアの軍事戦略』）

だが「成功は失敗の母」でもある。プーチンはとりあえず国民から熱烈な歓迎を受け、支持率も急上昇したので自信を深めたが、後に思わぬ失敗でつまずく。

八年後のウクライナ侵攻で、彼は（八）の手法を安易にくり返すが、予想外の反撃に遭ってキーウ攻略を断念した。親露派の寝返りでゼレンスキー政権を転覆させる期待も裏切られた。

手も足も出なかったウクライナ軍の無力ぶりも、先入観として定着しただろう。たしかにウクライナ国防相が認めたように、二〇一四年の地上部隊四・一万のうち戦闘即応兵力は六〇〇〇人にすぎず、装甲車両の実動は20％以下、空軍の可動機は15％という惨めな実態だった。

しかし失敗に学んだ改革で、数年のうちに戦力も士気も一新した新生ウクライナ軍の姿をプーチンは想像だにしなかったのかもしれない。

ドンバス戦争の八年

クリミアと併行してロシアは、あわよくば東部ウクライナのルガンスク、ドネツク両州も同じ手法で併合しようと試みたが、期待どおりの成果を収めることができなかった。

いくつかの理由をあげてみよう。

第一は、人口（両州合計して約七〇〇万）に占めるロシア人とウクライナ人がほぼ同数で、ウクライナ国民にとどまりたいと願う住民が意外に強く、分離派と政府支援派のデモが衝突する場面も見られたほどである。

次に分離主義者やドンバス人民軍と呼ばれた初期の反政府派武装勢力は質量ともに劣弱で内紛が絶えず、顧問役のロシア工作員に盾つく例も少なくなかった。

第三に、ヤヌコビッチに代ったウクライナ暫定政権（トゥルチノフ、六月からポロシェンコ大統領へ）がいち早く反政府の武装勢力をテロリストと宣告し、討伐行動に踏み切ったことである。

そこで初期の経過をざっとたどってみるが、もっとも早い反政府派の蜂起は三月一日で、六日までドネツク州庁舎を占拠するが、政府軍に鎮圧されてしまう。

四月六日の蜂起は、いずれも一〇〇〇人前後の規模だが、ドネツク市では州庁舎を占拠して、翌日にドネツク人民共和国（ＤＰＲ）の建国が宣言された。ルガンスク市でも六日に州庁舎を占拠したが、ルガンスク人民共和国（ＬＰＲ）の建国宣言は四月二七日とおくれ、五月一二日に独立宣言が発出されている。

市政庁の占拠行動は他の諸都市にも波及し、ハリコフのように四月六日に決起してハリコフ人民共和国の誕生を告げたが、翌日には政府側に鎮圧され、首謀者は逮捕された。少しおくれて南部のオデーサやマリウポリでも、同時多発的な様相にはなったが、すぐに立ち消えてしまうか、政府軍に撃破されてしまう。

ドンバス人民軍の兵士たちは正規の軍事訓練を受けず装備も粗末な「烏合(うごう)の衆」に近く、正規兵と優良装備を持つウクライナ政府軍に正面から挑んでも勝てる見こみがなかったのは当然だろう。

こうして次々に占拠地を取り返されていくドンバス人民軍の姿を見て焦慮していたロシア軍はハイブリッド戦術を止め、八月下旬に直接の軍事力介入を決断する。目的は敗色濃厚な人民軍を救出することにあった。ランド研究所のレポートは、「人道的支援の車両部隊」と自称するロシア軍の戦車や装甲車が八月二三日から二五日にかけて、ウクライナ領へ進入したと記す。欧米のメディアは、非公然の越境行動であることを諷して「ステルス侵略」と表現した。

戦勢はたちまち逆転し八月二九日、イーロヴァイスクを守っていた約六〇〇〇人のウクライナ軍はかろうじて包囲網を破り撤退を強いられる。一〇〇〇人以上の戦死者を出した敗北の責任を問われたウクライナの国防相は辞任する。

その間に停戦による事態収拾の動きが進み、九月五日にロシア、ウクライナ、二つの人民共和国代表が会して、ミンスク議定書に調印した。

それはこの地域の自治権を高めるかわりに、紛争を停止して反政府勢力の支配地域をウクライナの主権下に戻す方向性を約すものだったが、当事者に守る意欲が乏しかったせいか、直後から停戦違反が続出した。

早くも九月末にはドネツク空港をめぐる争奪戦が発生、断続しながら翌年一月までつづき、ウクライナ軍の敗退に終る。

一五年一月には、最大規模の戦闘が起きた。デバルツェボ市には七月に奪回していらい兵力六〇〇〇のウクライナ軍が駐留していたが、停戦による政府軍との分界線を少しでも拡大しようとの意図からだろう。ロシア軍とドンバス軍は、偵察ドローンで防御側陣地を標定したうえで、152ミリ榴弾砲や多連装ロケット砲による猛砲撃を加え、市街戦に持ちこんだ。

補給路を断たれた守備隊は死傷者を残し、二月一八日に撤退したが、ウ軍の死傷者は三〇〇〇人以上とされる。その間にドイツとフランスの仲介でミンスク2と呼ばれる即時停戦の合意が二月一二日に成立した。

国連の安保理事会も認証した新議定書は、
（一）二州に幅広い自治権をもつ「特別な地位」を与える。それを改正憲法で規定する。
（二）30キロ幅の緩衝地帯を作る。
（三）榴弾砲やロケット砲のような重火器の撤去。
（四）違法な外国の武装組織は撤退させる。
（五）停戦が守られるかを欧州安全保障協力機構（ＯＳＣＥ）が監視する。
など一二か条から成り、大規模な戦闘はこの合意を境にほぼ鎮静した。

だが停戦協定違反のトラブルはその後も止むことはなく、ＯＳＣＥの報告では、二〇二〇年七月から二一年三月の期間だけでも約一万二〇〇〇件に達したとされる。停戦と言っても、中央政権にとって法的にはウクライナの主権下での地方紛争だから、「自治権」（ミンスク１）とか「特別の地位」（ミンスク２）を盾にとって事実上の分離独立を狙う人民共和国側との整合は容易ではなかった。

実務上の難点も少なくなかった。たとえば年金の支払い口座や銀行の取り引きなど企業活動の隘路、地方選挙の施行などで、憲法改正まで広汎にわたる争点は棚上げされたまま放置された。

ミンスク2以後はルガンスク州では州都をふくむ東半分、ドネツク州では州都をふくむ南半分をドンバス軍が占拠し、残りは政府軍の支配という住み分け状況が定着していく。それまで接触線と呼ばれた両勢力の分界付近では、検問をめぐるいざこざは、しばしば武力行使を伴なう小ぜりあいに発展した。

紛争の多くは非難の応酬合戦となり、物別れに終る。二〇二一年一〇月には内外の耳目をひく紛争が起きた。たとえば分離派政権がバイラクタル（トルコ製の自爆型ドローン）で攻撃されたと非難するや、ウクライナ側は砲撃されたので報復しただけと反論し、結着はつかなかった。

それを内戦とみるか、一種の代理戦争と見なすかはともかく、八年間（二〇一四年―二〇二二年）にわたりだらだらとつづいたドンバス戦争の実態はつかみにくい。あえて断片的に流れたいくつかの指標となる数字を拾いだしておきたい。

投入された戦力としては確度に難はあるが、ロシアの正規軍兵力は四〜四・五万人、ドンバス兵四万余、うちロシア軍の戦死五六七〇人、ドンバス兵の戦死は約一万人という情報もある。またウクライナ軍の兵力六・四万人に対し戦死四五〇〇人（別情報として一・三万とも）とされる。他に民間人の死者三四〇四人、国内避難民一四一万、国外避難民九二万人（国連調査）というデータもある。

プーチン対バイデン

プーチンにしてみればクリミアのように、ドンバス分離派のカイライ政権が住民投票でロシアへの編入を強引に進めていたらと悔む思いはあったろう。

しかし二〇一七年に米シンクタンクの世論調査では、二州住民の多くが、ウクライナの一部でありつづけるべきだと回答している点から推して、住民投票をやってみても否決される可能性があった。また分離派による偽装投票の横行をウクライナ政府はきびしく取り締っていた。

しびれを切らせてロシア軍を介入させるとしても、軍制改革で戦力を充実させつつあったウクライナの正規軍と直ちに決戦を挑むだけの名分や準備に自信が持てなかった。

そうだとすると、プーチンは膠着状態におちいっていたドンバス戦争をもうしばらく凍結し機を見てキーウの中央政権ぐるみ「クリミア化」するという、より大規模で大胆なプロジェクトに昇格させようと思案したようだ。

こうした野心を阻むであろう敵対勢力はNATOとアメリカであった。NATOは一九九九年にポーランド、チェコ、ハンガリーの三か国、二〇〇四年にはバルト三国やルーマニアをふくむ東欧の七か国、二〇〇九年にはクロアチア、アルバニア、二〇一七年にモンテネグロ、二〇二〇年に北マケドニアが加盟するなど、東欧への急拡大がつづいていた。

動機は西欧化への志向にとどまらず、旧ソ連邦時代の苦い記憶から、ロシアの脅威をNATOの軍事力で抑止してもらう期待はあったが、米英などの有力な古参国が意図的に働きかけたわけではない。

それでもNATOの東方拡大を危惧する識者もいた。ジョージ・ケナンは「ロシアを過度に刺激する致命的な失敗」と評し、キッシンジャー元国務長官も同様の感慨を述べている。

わが国でも森喜朗、鈴木宗男、橋下徹、大前研一、佐藤優らのような論客が「ウクライナは多少無理な要求でも受け入れるべきだ」とか「ゼレンスキーは対ロシア外交を誤まった」とか「欧米は支援しているように見えてウクライナを犠牲にしている」式のロシア寄り論調を発信して関心をひいた。

いずれにせよ、ウクライナのＮＡＴＯ加盟は、全加盟国（三〇か国）が一致して支持するのが必要条件になっているし、実際にロシアへの刺激を警戒したドイツ、フランスなどの意向で宙に浮いていた。

ウクライナ自体もゆれ動いていた。ところがポロシェンコ大統領が主唱した二〇一九年二月の憲法改正は「ＥＵとＮＡＴＯへの将来の加入をめざす」方針を、前文と第一〇二条に明記した。

それに対しコメントを求められたＮＡＴＯ本部は、ウクライナとの「連帯は強い」が「加盟への願望を認めている」と慎重な言いまわしにとどめ、ウクライナ政府も加盟申請に動こうとはしなかった。

二〇〇八年にＮＡＴＯ首脳会議がジョージアとウクライナの将来的な加盟を容認したのに比べると、明らかな後退である。だがプーチンにとって改憲条項は、いつ爆発するかわからない時限爆弾を突きつけられた思いで、不退転の決意を固めたのかもしれない。

一〇か月後の一九年一二月、パリでプーチンを囲みドイツのメルケル首相、フランスのマクロン大統領が、就任して間もないウクライナのゼレンスキー大統領の申し入れで会合した。ドンバス戦争の完全停戦を実現するのが主旨だったが、「平和的手段による紛争の終結」を公約にしたこともあってか、ゼレンスキーは「ロシア大統領とは逆の見解を持つが、対話で解決策を見つけたい」と柔軟な姿勢を示した。しかし渋面のプーチンはとりあわなかった。それ以後のプーチンが気にしたのは、アメリカの出方だけだったと思われる。

それから二年後の二一年一二月、プーチンはバイデン米大統領へ「ウクライナ、ジョージアなどを今後NATOに加盟させないこと、NATOの兵力を一九九七年のレベルまで縮小することを文書で確約せよ」と迫り、文書で拒絶された。すでに武力侵攻の決意を固めた上での挑発だったかもしれないが、思わぬ収穫もあった。

バイデンは侵攻が起きたとしても、「米軍人がウクライナで戦うつもりはない」と、一二月八日、二月一五日、さらに侵攻後の二四日にも重ねて表明する「弱気」を見せたからである。二一年八月にバイデンがアフガニスタンから米軍を全面撤退させたのも、プーチンの「強気」を誘ったと思われる。

プーチンはウクライナへの全面侵攻の三日前となる二月二一日にどこからも未承認だったルガンスク、ドネツク両人民共和国を独立国家として承認する。翌日には両共和国の要請を受け入れる形で友好協力相互援助条約を結び、集団的自衛権を行使するとして、ウクライナ侵攻を理由づけた。それは二次のミンスク合意に基づく紛争解決をロシアが完全に放棄したことを意味する。

開き直った姿勢で通したプーチンだが、それなりの正当化も怠っていない。国連憲章によって武力行使禁止原則が国際法で確立しているが、侵攻翌日に国連の安全保障理事会は侵攻(侵略)がウクライナの主権を侵害したと認定し、ロシア軍の撤退を求める決議案を審議した。だが常任理事国のロシアが拒否権を行使したので採択されなかった。

代って三月二日の国連総会が同様の決議を採択したが、ロシアの行動を制約する機能は果せなかった。いずれもロシアが事前に織りこみずみだったと言えよう。それだけではない。ロシアは「特別軍事作戦」の目的を安全保障上の理由から、ウクライナの「中立化」「非武装化」「非ナチ化」と宣明した。確とした裏付けのないものばかりで、自衛権どころか内政干渉と非難されてもしかたがない。

ロシアは集団的自衛権を行使する目的を「キーウ政権が実施した非人道的な処遇とジェノサイド(集団虐殺)に八年間も直面してきた二つの共和国の住民を守るため」としている。ヒトラーのユダヤ人虐殺、新しくは旧ユーゴスラビアで起きた「民族浄化」になぞらえたつもりだろうが、逆効果となった。欧米のメディアには該当する情報が見当らず、国際司法裁判所（ICJ）も否定したからだ。

一歩譲って東部二州の住民を救出するのなら、ロシア軍の侵攻目標は東部のドンバスでなければならぬが、実際には多少の砲爆撃は加えたが民兵レベルのドンバス軍に作戦行動を委ね、主力は北部のキーウへ振り向けてしまった。

他にも正当化と呼べそうもない突飛な理由づけばかりで、フェイク情報の乱発もロシアの心理戦戦略への信頼性を失わせた。

米国やNATOが介入してくる懸念はなさそうだと見きわめたロシア軍は、ウクライナ軍の戦力と士気をどこまで計算していたのだろうか。次に開戦時点における両軍の戦力と態勢を比較検分してみよう。

ロシア軍の組織と敗因

ロシアのウクライナ侵攻は、冷戦の終結や旧ソ連邦の解体時と同様に意外さの感触をぬぐえない。意外性には二つの側面があった。

ひとつはイソップ物語の「狼少年」に似た「よもや」の感触である。西側の政治、軍事当局はオープン・ソース（出所公開）と呼ばれる想定外の手法をフルに用い、マスメディアを通じ数週間にわたり、国境に集結したロシア軍の動静を公開し、今日か明日かの予告をだらだらと報じつづけた。

その間に凍土は泥土に変って戦車が動きにくくなる。狼のプーチンは米軍とNATO軍との対決は避け、吠えるだけの威嚇効果に満足して次の機会を待つのではないかと軍事アナリストたちは予想した。この予想は狂ったが、もうひとつの意外性は、軍事力で圧倒的に劣勢だったはずのウクライナ軍が、開戦となると善戦をつづけ、首都をめざすロシア軍の進撃を食いとめ国境外へ押し返したことである。

元CIA長官のペトレイアスは「多くの専門家はウクライナの抵抗の強さを過小評価していた」と評し、「物質的要素と比べ士気は三倍の力がある」というナポレオンの言行を引用して、勝因はウ軍の士気の高さにあったと説くが、それだけではない。

アメリカやNATO諸国から供与された装備や技術があっての勝利という一面を否定できない。しかし「攻者三倍原則」を適用すると、ロシア軍が投入した一五万~二〇万弱の兵力（一五万、一七万、一九万と数説ある）に対し、専守防衛に徹したウクライナ軍は、ほぼ同数の現役兵二〇万を動員するのが可能だった。士気の高さを加味すると、勝って当然と言えなくもないが、戦争が長期化しロシア軍が総動員を発令すると、バランスは変ってくる。

改めて**表3**により二〇二二年二月時点における両軍の戦力を比較し検分してみよう。マンパワーでは、総人口比に近い三倍弱の格差だが、経済力では軍事費支出で六対一、GDP（国内総生産）でも大きな開きがある。石油の供給をロシアからの輸入に仰いでいた事情もあり、ウクライナが単独で長期戦に堪える能力はかなり低いと見てよい。

三軍の戦力も開きがあり、とくにウ海軍はクリミア併合時にほぼ全艦船を失い、再建も進まなかったので、戦力はゼロに近いと評すしかない。

陸軍では戦車や砲兵は四〜五倍の格差だが、空軍では十数倍とさらに開く。しかも陸軍や空軍の装備はロシア製、それも旧式が多く質量ともに見劣りがした。世界軍事力ランキングは二位と二二位だから、通観すれば「巨人と少年」（米CNNテレビ）と酷評されてもやむをえまい。

それではウクライナ戦の初期段階でよもやの苦戦と敗北を味わったロシア軍の弱点は、どこに内蔵されていたのか。その疑問を念頭にロシア軍の組織、運用、戦略思想（軍事ドクトリン）などの諸点を通観し、必要に応じウクライナ、米国、NATO軍との比較を試みる。**図1**は開戦時におけるロシア連邦軍の組織図である。

表3　ロシアとウクライナの軍事力比較（2022年2月）

		ロシア(R)	ウクライナ(U)	NATO	USA
I マンパワー（万人）	現役	90	20	337	138
	予備役	200	90	205	85
	パラミリタリ	55	10	74	−
	計	345	120	540	223
II 経済力	GDP 順位	11位	55位		1位
	軍事費	660億ドル	119億ドル		8,010億ドル
III 陸軍	戦車（TK）	12,420	2,596	14,532	6,612
	装甲車（APC）	30,122	12,303	115,885	45,163
	自走砲	6,574	1,067	5,340	1,498
	榴弾砲	7,571	2,040	5,495	1,339
	多連装ロケット砲	3,391	490	2,803	1,366
	核弾頭	4,312	−		6,255
IV 海軍	空母	3	−		11
	潜水艦	70	−		68
V 空軍	戦闘機	772	69	3,527	1,957
	攻撃機	739	29	1,048	783
	輸送機	445	32	1,543	982
	ヘリコプター	1,543	112	8,485	5,463
	攻撃ヘリ	394	34	1,359	910
VI 世界軍事力ランキング		2位	22位		1位

出所：I「マンパワー」は*Military Balance*（2022）、II以下はGLOBAL FIREPOWER UTILITY（2022）を著者が補正

注（1）ロシアの戦車数は保管されている旧式車が多く、「ミリタリー・バランス」等は現役の戦車数を2,927両または3,170両、ウクライナは858両としている。

（2）参考までにNATO諸国と米国（USA）のデータを併記した。

直接選挙で選出された大統領が軍の最高司令官として指揮権を行使し、首相、外相、国防相など閣僚の任免権を持つ構造はロシア、ウクライナ、アメリカに共通する。大統領制をとらない国では、首相（または国防相）がその役割を果す例が多い。

第二次大戦後は核戦力の登場など軍事面の複雑化、ハイテク化が進んだ状況に対応するため、古典的な三軍（陸海空軍）の併立が見直され補正された。

現在のロシア正規軍は三軍種（陸軍、海軍、航空宇宙軍）と、同格の二独立兵科（戦略ロケット軍、空挺軍）から構成される。ちなみにウクライナ軍は五軍種（陸軍、海軍、空軍、空挺軍、特殊作戦軍）から成っているが、実質的に大差はない。

これらの諸軍種を統合して運用する任務は軍政面が国防省、軍令面は国防相（ショイグ）の下で第一国防次官を兼任する参謀本部のゲラシモフ参謀総長が担任した。

アメリカも同様だが、世界全域に米軍を派遣している特性から、欧州軍（司令官はNATOの総司令官を兼任）、インド太平洋軍、中央軍（中東担当）など地域別の統合軍を展開している。

しかしロシアもウクライナも陸軍（地上部隊）の比重が高いこともあり、陸軍参謀総長に統合参謀総長の役割を兼任させ、別に実動部隊の指揮に専念する陸軍（地上軍）総司令官のポストを置いた。

その下に主として軍政面を担任する地域別の四個軍管区（中央、東部、西部、南部）を置き、その司令官は軍令面を担任する統合戦略コマンドの司令官を兼ね、その資格で狙撃兵、戦車など諸兵科連合軍（Combined Arms Army）の実動部隊である師団、軍団、旅団、連隊などばかりでなく、海軍、空軍、空挺軍の一部など雑多な部隊を指揮する構造となっていた。後述のＢＴＧが登場すると、ミニ諸兵科連合軍の役割を分与する形になった。

ウクライナ侵攻に当っては、軍管区と指揮下の諸部隊へ臨時に編入された空挺部隊なども加え、必要な正面へ投入した。なぜか最重要の首都をめざす北部正面には、シベリア・極東に駐屯していた東部軍管区（司令部はハバロフスク）が司令官や幕僚をふくめ大量に投入された。しかし土地勘が薄いことも一因で苦戦し、撤退後はドンバス地区や南部戦線にまわされた。

他の軍管区も似たような状況で、戦勢に応じ、恣意的に転戦させられ、指揮系統が錯雑した。そこで二二年四月にウクライナ方面新司令官の下に野戦型編成の方面軍（Group of Forces）を新設したが、在来の軍管区との重複や競合が解消できず、戦力の強化に至っていない。

なお**図1**は正規軍を主体に図示したが、ロシア軍には準軍事組織（パラミリタリ）と呼ばれる特異な軍事組織がある。主要なものを次に列挙するが、平時は国防省の所管外、戦時には国防省の統制下に入る。

一　国家親衛隊（三四万人）――内務省所属から大統領直轄に移った国内治安部隊。ウクライナにも内務省に所属する類似の組織（国家親衛隊、兵力五万）があり、ホストメリ戦やドンバス戦で名声を博した第四即応旅団やマリウポリで奮戦したアゾフ大隊が知られている。

二　連邦保安庁（FSB）――KGBの後身、国内治安を担当。国境軍（一六万人）を指揮下に置く。ウクライナ保安庁（SBU）にも類似の組織である国境警備隊がある。

三　民間軍事会社（PMC）――大小二五社ぐらいとされるなかで知名度が高いのはワグネル・グループ（プーチン側近の富豪エフゲニー・プリゴジンが二〇一四年に設立、司令官はウトキン中佐）は、正規軍が関わりにくいシリア、リビア、中央アフリカでの特殊作戦に出動していたが、二二年秋には二万とも四万とも言われる刑務所の受

図1　ロシア連邦軍の組織

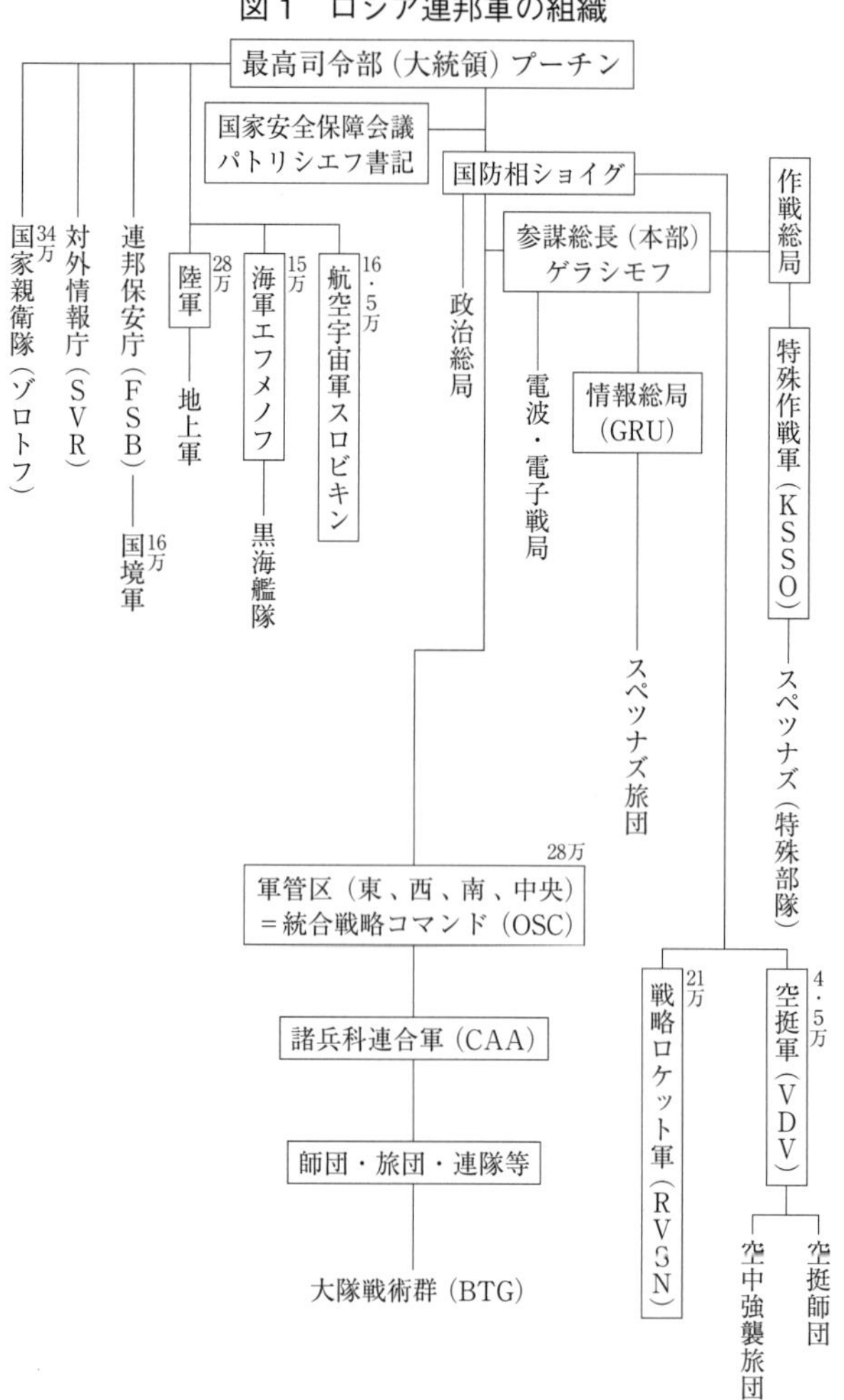

刑者をもらい受け、恩赦の約束でドネツク州バフムトをめぐる激戦場へ投入した。「損害をかえりみない勇戦」ぶりを誇示したが、正規軍との競合で、対立を深めた。

四　傭兵――出身は雑多だが、チェチェン共和国首長カディロフのひきいる私兵集団は約二万の兵力とされ、一部はホストメリやマリウポリの戦闘に参加した。

五　ウクライナの義勇兵――二〇二二年一月に領土防衛隊が予備役兵や民間人の志願者を軸に編成され、四個作戦管区ごとに正規軍の指揮下で警備や後方支援の補助兵力として活動している。兵力は一三万人を想定。キーウ防衛戦や東部バフムトでは、正規軍に劣らぬ奮闘ぶりを見せた。また開戦の直後にゼレンスキー大統領の呼びかけで、世界中から義勇兵（志願兵）が応募した。三月六日の時点で、五二か国から二万人以上にのぼったとして外国人軍団が編成された。日本からも約七〇人が応募し、八月上旬にロシア政府は二一九二人の「利益のために戦う傭兵」が参戦していると伝え、うち日本人は九名と伝えた。一一月にはうち一人がドンバス戦線で戦死している。

BTGとハイブリッド戦略

ソ連邦解体後のロシア軍にとって最大の課題は、軍のコンパクト化であった。旧ソ連時代は五〇〇万人規模まで膨張していた兵力を一〇〇万前後まで縮減する改革を進める過程で、諸兵科連合軍—師団（兵力約一万）—旅団（同五〇〇〇）—連隊（同三〇〇〇）—大隊（同一〇〇〇）とつらなる在来の指揮単位も見直された。減員で形骸化していた師団や連隊を減らし、旅団と大隊を強化する副産物として、諸兵科の統合機能を担う大隊戦術群（Battalion Tactical Group、略称はBTG）という特異な戦術単位が生れた。

標準的な編成は**図2**が示すように、いずれも三個の歩兵（狙撃兵）中隊または戦車中隊を軸に、砲兵、工兵、防空、補給などの中小隊を組み合わせ、即応性と小まわりの利く機動性の向上が期待された。そして二〇一四年以降のドンバス戦争などの局地紛争も試みたところ、ウクライナ軍を圧倒する戦績をあげたとされる。

そこでハイブリッド戦略の提唱者でもあったゲラシモフ参謀総長の推奨で次々に増設され、ロシアの地上部隊はBTGの集合体かと見まがう急成長をとげる。

一説だとウクライナ侵攻では全一六七隊のBTGのうち一一七隊（一二五隊説も）を投入したが、初動段階で三一隊が戦列から脱落したとされる。

図２　大隊戦術群（BTG）の標準編成

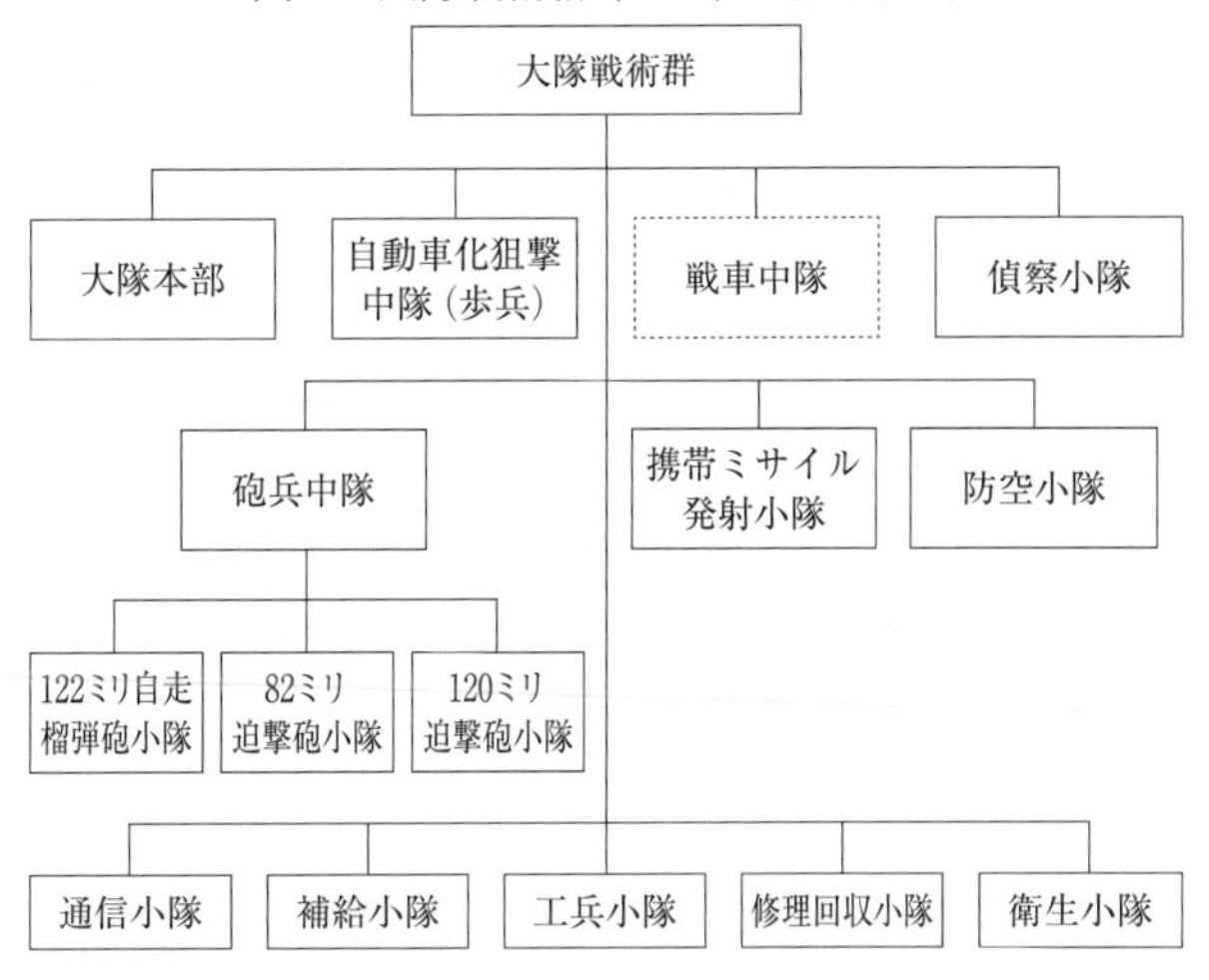

出典：Lester W.Grau

注（1）編成は多様だが、歩兵（狙撃兵）主体型は歩兵３個中隊、戦車は１個中隊、その他の中小隊、戦車主体型は戦車３個中隊、歩兵１個中隊、その他の中小隊から構成。

（2）砲兵中隊の榴弾砲６門に代わるロケット砲６門の場合もある。

なかでも40マイルの渋滞をひきおこしたキーウ進攻部隊は、ウ軍参謀本部の情報では、ＢＴＧ一四隊を撃破されたロシア軍が予備の一六隊を追加投入したという。

ロシア軍の敗因を論評する軍事アナリストのなかには、ＢＴＧの敗北と受けとめた人も少なくない。以前から欧米各国では戦闘の規模や特性に応じて旅団、連隊レベルで臨時に諸兵科混成の戦闘団（コンバット・チーム）を編成し運用する例が珍しくなかった。

ところが、ロシア軍は諸兵科連合軍に所属する旅団や連隊から七～八〇〇人を抽出して編合するＢＴＧに、諸兵科統合の役割を下降させた。米軍やＮＡＴＯ軍は、早くからＢＴＧの弱点を指摘していたが、その通りだったことがウクライナの戦場で実証された。

ＢＴＧの第一の弱点は各兵科の兵力がいずれも過少となったことである。たとえば歩兵中隊の定員は二〇〇人、戦車中隊は一〇両、砲兵中隊は重砲六門だったが、実員はかなり下まわったので、多少の損害が出ると、組織的戦力を失い、残存者は遊兵化してしまうことが多かった。他のＢＴＧや母隊の旅団から補充してもらうのも、実際にはままならない。露払い役の歩兵が随伴しない戦車は、往々にして待ち伏せするウ軍の対戦車兵器に奇襲撃破されてしまった。

次にＢＴＧは指揮・統制が難しい組織であった。補佐役の幕僚が少ない中少佐級の若い大隊長が出身兵科でもない領域の中小隊をまとめ、機動と火力を適切に運用するには負担が大きすぎた。

　とくに一個中隊の砲兵では火砲の威力は限定されてしまい、歩兵は前進が困難となった。そうなると、後方の旅団長や連隊長が最前線に飛びだして指導する場面がふえる。第一段作戦で十数人の将官をふくむ多数の幹部が次々に戦死する異常事態はこうした指揮系統の混乱が招いたと思われる。

　そもそも内乱鎮圧の規模ならともかく、大規模で広正面の軍事作戦に、一〇〇を超える小単位の駒（ＢＴＧ）を効果的に運用するのは無理があったと言えよう。

　ＢＴＧの運用に困りはてたロシア軍は二〜三隊を一隊にまとめるような対策も講じたが、どうやら見切りをつけたらしい。一一月二九日に英国防省は、ロシア軍がＢＴＧの展開をこの三か月近くほぼ停止しているようだと発表し、火砲の分散が最大の弱点だったとも論評した。

　ここでロシア軍の軍事思想に目を移してみよう。知名度が高いのは別名を「ゲラシモフ・ドクトリン」とも呼ばれる「ハイブリッド戦争」の概念であろう。「軍事力と政治、経済、情報、その他の非軍事的手段の統合的使用」と定義されているが、抽象的でややわかりにくい。

　イメージとしては、「一発も撃たず一人も死者を出さず」に、クリミア半島の全域を奪取した成功例だろう。ゲラシモフ論文は「今後の戦いでは、非軍事的手段は軍事的手段の四倍であるべきで……公然たる軍事力は紛争が成功を収めそうになったとき初めて使用するもの」とまで極言した。

　ウクライナ侵攻にさいし、ロシア軍はクリミア戦と類似の情報戦、サイバー攻撃、特殊部隊の投入、フェイクニュースをふくむ宣伝戦などの非軍事的手段をくり返ししかけたが、戦訓で対策を構築していたウクライナにはね返される。ロシア軍の敗因として情報戦の不振は、ＢＴＧ依存と並ぶ「大いなる誤算」だったと言えよう。

第三章

東部・南部ウクライナの争奪

「次から次へと思いがけぬことが
連続して起きるのが戦争」
——クラウゼヴィッツ

マリウポリの破壊された住宅（手前）とアゾフスタル製鉄所（奥）
© AFP＝時事

ドンバスへの転進

二〇二二年三月二五日、ロシア参謀本部次長のルドスコイ将軍は、記者会見で「第一段階の軍事作戦は達成された。次の目標は、ドンバスの解放だ」と表明した。発表者がショイグ国防相やゲラシモフ参謀総長でなかったところに、多少の後ろめたさがあったのかもしれない。

太平洋戦争で半年にわたるガダルカナル島の争奪戦に敗退したのを日本の大本営が、作戦目的を達したので「転進」と公表した故事と似たレトリックにロシア軍は頼ったのであろうか。味方の損耗を過少にしか発表しなかったのも同様であった。

ロシア国防省は戦死者数を三月二日に四九八人、同二五日に一三五一人と過少発表し、それも遺族への弔慰金給付とか、殺害したウクライナ兵一万五〇〇〇の戦果との抱きあわせにしていた。九月になってやっと五九三七人へ更新したが、その後の半年は、新たな発表がない。

ところがすでに三月二〇日の独立系新聞（コムソモリスカヤ・プラウダ）が戦死九八六一人、負傷者一万六一五三人という数字をうっかり掲載して即日削除の目にあったが、欧米のメディアに転載されてしまう。

本来なら戦訓の検討や転進部隊の再編成に手間どるはずだったろうが、プーチンとロシア軍部の戦意は衰えを見せなかった。それでもハリコフの攻防戦（後述）で失敗した第一親衛戦車軍の司令官と副司令官を解任、第六軍司令官は解任したうえ逮捕、少しおくれて空挺軍司令官のセルジュコフ大将を解任するなどの人事処分を加えている。左遷までふくめるとさらに多いだろうが、この種の人事情報はウクライナや西側メディアが主でロシアの公式発表はほとんどない。

再編成の核心は、それまで各軍と軍管区司令官の指揮系統が一本化されていなかった欠陥を修正する狙いで、四月九日ウクライナ戦線の統一指揮官にドボルニコフ上級大将（南部軍管区司令官）を起用した。だが三か月もしないうちにジドコ大将（国防省政治総局長）と交代、さらに一〇月八日にはスロビキン上級大将と交代する異例の人事となった。この間の内情は不明と言うしかない。

解任人事と重複して西側のメディアが好奇の目を向けたのは、ロシア軍高級幹部のあいつぐ戦死だった。三月末までの約一か月で将官（中少将）だけでも八名をかぞえた。侵攻開始時の将官二〇名に比べ異常な高比率で、ベトナム戦争の米軍やアフガン戦争の旧ソ連軍でも全期間を通じ、いずれも将官の戦死者は各一人にすぎない。当然のことながら原因について、さまざまな憶測が飛んだ。

将官クラスの司令部は前線から数キロか数十キロ後方に位置するのが通例なのに、危険な前線に出向かざるをえない事情があった。動きが鈍い部下将校や兵士を督励するためだったからとか、スマホの電波をキャッチされて司令部の所在がウクライナ側に探知され、狙撃兵や砲兵に狙い撃ちされる例が少なくないからだとも言われる。

他ならぬゲラシモフ参謀総長がイジュームの司令部を視察に訪れたが、去った直後にミサイルで攻撃され、少将をふくむ一〇〇人ばかりが死んだらしいという風聞も流れた。

ところで第二段階に移行したロシア軍はどんな基本戦略で臨んだのか、推測を交えて検分してみよう。

ドネツク、ルガンスク両州は政治的に重視されてはいたが、1300キロにわたる長大な外線作戦に兵力を割かれ、軍事的には手薄となっていた。とりあえず親露派武装勢力（ドンバス義勇軍）を南部軍管区の指揮下に入れ兵力計二万七〇〇〇の第一軍団（ドネ

表4　ロシア軍将官の戦死者一覧　2022年

名前	階級	職務	報告された日付	戦死地
M. トゥシャエフ(36歳) ?	少将	狙撃141連隊長	※2月26日	ホストメリ
A. スホベツキー(47歳) ?	〃	41軍副司令官	※3月11日	マリウポリ
V. ゲラシモフ(44歳) ?	〃	41軍参謀長	3月8日	ハリコフ
A. コレスニコフ(45歳) ?	〃	29軍司令官	3月11日	キーウ方面
O. ミチャーエフ(48歳)	〃	狙撃150師団長	3月15日	マリウポリ
A. モルドヴィチェフ(46歳) ?	中将	8軍司令官	3月18日	ヘルソン
A. パリー(51歳)	海准将	黒海艦隊副司令官	※3月20日	マリウポリ
Y. レザンツェフ(48歳)	中将	49軍司令官	※3月25日	ヘルソン
V. フロロフ(55歳)	少将	8軍副司令官	4月16日	ドンバス
A. シモノフ(55歳)	〃	電子戦部隊長	5月1日	イジューム
K. ボタシェフ(63歳)	予少将	SU-25パイロット	5月22日	ドンバス
R. ベルドニコフ(47歳) ?	中将	第29軍司令官	6月5日	ドンバス
R. クツーゾフ(42歳)	少将	ドネツク第1軍団長	6月5日	セベロドネツク
A. ナスブリン	〃	22軍団参謀長	7月12日	ヘルソン
A. シチェボイ(53歳)	中将	西部軍管司令官	9月4日	バラクリア(捕虜)

注 (1) ※は狙撃され戦死との情報（伝聞を含む）？は生存説がある
(2) 日付、場所については伝聞情報を含む
(3) 11月までに将官で中大佐の戦死は160名との情報がある
(4) R. クツーゾフは死後に中将へ進級

ック）と第二軍団（ルガンスク）に改編し前線に立たせたが、戦力は劣弱でウクライナ軍に押され気味で期待に背いた。

その状況を打開するためにも、キーウ、スムイ、ハリコフ正面に分散していずれも行きづまりを見せていた諸部隊をドンバスに集中し、あわよくばウ軍主力を誘引して決戦に持ちこむ戦略が考案された。

この構想にはロシア軍にとっていくつかの利点があった。第一はウ軍を圧倒するだけの兵力、とくに砲兵火力や戦車を確保できることである。第二にウ軍に有利な丘陵や森林の多い北部戦線と異なり、平坦な草原や農地が広がるドンバスは戦車の運用が容易で、アナリストたちが期待していた戦車対戦車の対決には好適な舞台だった。その場合に旧式のロシア製戦車しか持ちあわせていないウ軍は圧倒的に不利だと思われた。

第三はルガンスク州の西半部とドネツク州の東半部にウ軍は、ロシア側に東西約100キロの深さで突出部を形成しているが、それを北のイジューム（ハリコフ州）から南進し、南のドネツク市から北上して手を握れば、退路を断たれるウ軍は、「袋のネズミ」にされて壊滅するだろうと想定された。第二次大戦中に戦車団対戦車団の激突で知られるクルスク突出部に対するドイツ軍の攻撃（ただし不成功）が想起されよう。

ハリコフはロシア国境から30キロの至近にあるウクライナ第二の大都市で、ロシア軍の第二〇軍と第一戦車軍が、開戦と同時に急進して翌日には市の郊外に達し、一部は市街に突入した。しかしウ軍の頑強な抵抗に阻止され、半ば包囲した形のまま戦況は膠着状態に陥った。

そこでロシア軍はハリコフ占領を見限り、南方120キロの「ドンバスへの玄関口」とされるイジュームの攻略に向かう。激しい争奪戦をくり返し、スムイから廻された増援部隊を投入して、四月一日にようやく占領した。

それによって、ロシア軍はオスキル川に沿いイジュームからクピヤンスクを経てロシア領へつらなる補給路とその東側領域を確保したことになるが、ウ軍は執拗に反撃作戦を試みている。それればかりではない。五月に入ると、撤退していくロシア軍を追尾したウ軍は、北部国境に到達する。米戦争研究所（ＩＳＷ）は一四日に「ハリコフの戦いはウクライナの勝利」と報じた。

しかしウクライナの諸都市のなかで、ハリコフほどロシア軍のミサイルや砲撃で破壊された市街は少ない。公共の建造物ばかりでなく、病院、学校、工場などへの無差別攻撃の標的となり、多数の市民が死傷した。

ドネツ川岸の戦い

イジュームはウ軍の九月攻勢で再び脚光を浴びるが、北の拠点を固めたと判断したロシア軍は四月一八日に総攻撃を発動する。投入した兵力は六七個BTGをふくむ六万人、別にドネツク（DPR）、ルガンスク（LPR）両共和国の三個軍団二・七万が加わり数的には三対一の優越を確保したとされる。

対するウクライナ軍は、衛星画像でロシア軍がキーウ、スムイ、ハリコフからドンバスへ転じる動きをつかんでいた。また東部二州の境界線付近では散発的ながらウ軍は、八年近いドンバス義勇軍との交戦で防御陣地帯を築き、地形にも慣熟していた。兵力ははっきりしないが、五・一万人説が正しければ、ドンバス義勇軍とワグネルなど民間軍事会社の傭兵をかかえこんでいたロシア軍とほぼ対等にわたりあえる規模ではあった。

だがキーウ戦線などの苦い戦訓をそれなりに摂取したロシア軍は、火力重視の伝統に立ち帰り、集中砲撃でウ軍の陣地を徹底的に叩いたのち前進する堅実な戦法をとった。

当面の目標は、ドネツ川に沿ってロシア側へ入りこむ大三角形の突出部に布陣するウ軍主力を包囲撃滅し、東部二州の全域を確保するにあった。それが成功したら、次の段階に移る遠大な構想も練っていたようだ。

主正面を担当した次席指揮官ミネカエフ少将は、攻勢開始から四日後に「第二段階の目的は、ドンバスとオデーサに至るウクライナ南部を完全に占領し、ロシアが支配する未承認国家（国際的にはモルドバ共和国の一部である「沿ドニエストル共和国」）との陸路を確保すること」だと宣言し、沿ドニエストルでは「ロシア語を話す人々が抑圧されているからだ」と付け加えた。クリミアや東部二州と同じ口実が使われたのである。

ドンバス戦線におけるロシア軍の戦況を見ると、最初の一週間は順調に進み、ドネツク州の四二の村々を占領したとされる。しかし押され気味ながらもウクライナ軍の柔軟な抵抗に阻まれ、前進速度はしだいに落ちていく。なかでもこの地域では最大の河川でもあるドネツ川の渡河をめぐる攻防で、ウ軍は西側メディアの注目を集めるめざましい戦果をあげた。

ウクライナ軍によれば、五月五日から一三日までの八日間に、川幅80メートルのドネツ川を渡河しようとするロシア軍を九回も阻止したとされる。五日の戦闘ではウ軍戦車（第一七戦車旅団）が初めて登場し、四〜五両の歩兵戦闘車、二隻のボートを仕とめた。

八日にも作業中の浮橋をドローンで発見し歩兵、砲兵、空軍が協同して浮橋を沈め、車両七〇台を撃破したとされる。

ハイライトは五月一一日で米戦争研究所によると、ビロホリフカで渡河を試みた第七四狙撃旅団のロシア兵五五〇人のうち四八五人が死傷し、八〇以上の車両が破壊された。河上に折れた橋、破壊された戦車の残骸、泥に埋もれた兵士の死体……が、くっきりと映しだされたユーチューブ画像で、この「惨劇」が確認できる。

ルガンスク州のハイダイ知事は、ウ軍筋の情報として、ドローンの計測で二個BTG、約一〇〇〇人の兵士、戦車六台、車両七三台の総合戦果を伝えている。

ニューヨーク・タイムズ紙は大々的に「失敗した破滅の渡河作戦」の見出しで、ウ軍の情報を伝えたが、ロシア軍には通じなかったようだ。当初からの目標だったルガンスク州の仮州都でウ軍の重要拠点でもあったセベロドネツクの攻撃に転じる。五月下旬には1メートルごとに争奪する激しい市街戦に移行するが、それはウクライナ軍が選択した戦術でもあった。

六月一〇日、ウ軍情報部の幹部は、砲弾不足のため一日に五〜六〇〇〇発しか撃てないのに露軍は四〜六万発を撃ちこんでいると説明した。このような条件下では両軍が混戦状態になりやすい市街戦を選ぶほうが得策ではあった。

後から振り返ると、ウ軍にとってこの時期は平時の手持ち弾薬と西側の初期供与分を使い果す端境期に当っていた。それを自覚するゼレンスキー大統領は、くり返し西側諸国へ重火器の増援を訴えた。その結果、五月から六月にかけて米軍の155ミリ榴弾砲や高機動ロケット砲システム「ハイマース」（HIMARS）が戦場へ到着し、ウ軍の火力は劇的に強化された。

だが、じわじわと追いつめられたウ軍の苦境を救う決め手はなかった。最後に兵二五〇〇人、民間人五八〇〇人が市内のアゾト化学工場にたてこもる。六月一五日にロシア軍は投降勧告を発して拒否されたが、マリウポリと同様に「人道回廊」による民間人の脱出は認められた。

そして二五日にセベロドネツクのウ軍守備隊はドネツ川をへだてて南側に隣接するリシチャンスクのウ軍陣地へ後退、一週間後にはもろともに撤退する。ロシア軍はセベロドネツク占領を大戦果だと宣伝し、七月三日にはルガンスク州の全域を掌握したとする勝利宣言を発する。ちなみにドネツク州の支配領域も55％に達していたとされる。

こうして一か月半にわたる攻防戦は一段落して、戦局はドネツク州北半の争奪をめぐる次の局面へ移ることになるが、両軍の蒙った人的損失は少なくなかった。

正確な数字は両軍ともに公表していないが、二つの特徴点に注目しよう。ひとつはウクライナ当局者が、最大で二〇〇〜五〇〇人が毎日戦死していると語ったことである。第一段階のウ軍は少ない犠牲者で露軍に勝利してきたというイメージが広がっていた。しかし戦死者数を二〇〇人のペースで概算しても一万人以上、傷病者を加えると五万人に近い深刻な数字になりかねない。

もうひとつは、ロシア軍が正規兵を出し惜しみ、ドンバス義勇軍や傭兵を最前線に投入したため、ドネツク軍だけでもクッーゾフ軍団長をふくむ三八〇〇人（一説には六〇〇〇人）の死者を出していた。

ロシア軍も力攻めの連続で息を切らせたのだろう。珍しくプーチンがショイグ国防相へ「ルガンスク戦線の兵たちに休息を与え、攻勢再開まで英気を養わせる」方針を示達している。

二週間の休息明け（七月一六日）にロシア国防省は「休息は今日終った」とわざわざ発表し、攻撃の再開を告げたが、「我々はまだ本気を出していない」というプーチンの奇抜なコメントには首を傾げた人が多かった。

そもそも軍事作戦の指導にどこまでプーチンが関わっていたかについては、責任問題もからめて当初からさまざまな憶測が流れていた。推論を交えた著者の観察を紹介すると、ひとつはプーチンの古巣でKGBの後身であるFSB（連邦保安庁）が主導したらしいという見方である。

初期作戦失敗の責任を問われ関係者が処分されたあと、本来の担当である参謀本部に指揮機能を戻し、さらに前線諸部隊の統一的運用を強化するため、ウクライナ侵攻軍総司令官のポストを作った。そしてドボルニコフ将軍を任命したが、「酒びたりで人望がない」とわかったせいか、三か月もしないうちに更迭してしまう。

この前後からプーチンは指揮系統の改変や人事に介入して国防相や参謀総長をバイパスして直接に現場指揮官を指揮するようになったようだ。とくに各軍管区から引き抜いた兵力で方面軍（Group of Forces）というポストを新設し、お気に入りの司令官に重点正面を担当させた。ドンバス方面を担当したのは、中央軍管区兼中央方面軍司令官のラピン大将で、ルガンスク州の全域を占領した功績により、プーチンから「英雄」称号をもらい表彰されている。だが軍管区の再編（注）や差し換えは必ずしも期待ほどの成果をあげていないようだ。

（注）再編については、米戦争研究所やロシアの独立系メディアの断片的情報しか得られず、詳細は不明である。四方面軍の司令官は四軍管区と重複する場合もあり、戦闘序列の異同は明らかでない。

プーチン人事の気まぐれぶりは、兵站担当の国防次官（ブルガコフ）を更迭したり、西部軍管区司令官が五か月に四人も交替したとされる例にも示され、戦況不振の一因になったと思われる。

その戦況だが、八月末までにドネツク州の全域を占領するという州知事の予告は外れた。ロシア軍としては北のスラビャンスク、南のバフムトを結ぶウ軍の防御陣を挟撃するつもりだったが、年が明けても突破できなかった。

九月に入って、この膠着状況に「突然ですが——」とばかり、ウクライナ軍の大型反転攻勢が始まるのだが、その前に黒海沿岸の南部戦線の戦況を見ておきたい。

南部戦線の攻防

ウクライナ戦争における南部戦線の位置づけは、一年を過ぎても見きわめにくい。開戦初日にロシア軍は北部、北東部、東部、南部と全長1300キロの広正面で同時攻勢に出たが、とりあえず順調な進捗を見せたのは南部だけであった。

それも一か月前後から内線の利を生かしたウクライナ軍の反撃で膠着状況に転じ、ドンバスからアゾフ海と黒海沿岸を経て、オデーサ（またはモルドバ）に至る回廊を確立しようとした作戦目標は達成されなかった。

欧米諸国の兵器支援を得て、ウ軍の本格的反攻が六月頃からヘルソン正面で始まるのではないかと憶測され、ウ軍もそう思わせる兆候を見せていたが、裏をかく形で九月一〇日頃から北東部のハリコフ州で奇襲攻勢に出て、露軍を敗走させた。クリミア半島の奪回を公言するようになったウクライナが、次の攻勢を南部で発動する可能性は捨て切れない。

ともあれ約半年以上におよぶ南部戦線の推移を、ヘルソン、マリウポリ、ザポリージャの攻防を軸にざっとたどる。

二月二四日、戦端を開いた南部軍管区のロシア軍主力は、クリミア半島から出撃して、一方はヘルソン州を経てミコライウ州へ北上した。もう一方はアゾフ海沿いに東進して、メリトポリ、マリウポリ、ザポリージャ原発の奪取をめざす。マリウポリに対しては東方のロストフや北方のドネックからも一部が進撃、黒海艦隊の海兵隊もマリウポリ港に上陸している。

最初の数日間、とくにヘルソン州へ向ったロシア軍の進撃は急調で、初日の夕方にはドニエプル川に到達して、最優先の任務とされたクリミアの水源地である運河を無傷で押さえた。少しおくれて西岸のヘルソン市内に進入したロシア軍は翌日にドニエプル川にかかる長さ１３００メートルのアントノフスキー橋を確保、次の目標であるオデーサへの進撃を急ぐ。

オデーサまでの最短路はミコライウ港を経て約１５０キロしかないが、その間に三つの川と橋がある。直近のブーフ川にかかる橋を守っていたのはウクライナの海兵旅団と警官隊をふくむ領土防衛隊員だが、必死の防衛戦で何とか橋を守り抜く。

陸上からの迂回行動も用意していたロシア軍は、北西側に隣接するミコライウ市とさらにその北方で原発が所在するヴォズネセンスク市へ向ったが、いずれもウ軍の抵抗で撃退され、動けなくなってしまう。

なかでも三月二日、ヴォズネセンスクへ降下して空港を奪取しようとするロシア軍の空挺第五六連隊を攻撃して、四〇両の隊列のうち三〇両を撃破する戦果をあげた。生き残ったロシア軍の一軍曹は残兵とともに壕を掘って隠れ、負傷して後退するまで約一か月持ちこたえたが「兵に自主性がなく、士気は低かった」と証言している。

キーウのホストメリで失敗したロシアの空挺軍は、この戦場にも出動したが、実績は芳しいものではなかった。たとえば地上作戦を支援するために精鋭の第二四七空挺連隊は、占領したばかりのヘルソン飛行場へ進出したが、ウ軍の夜襲で連隊長、歩兵大隊長、戦車中隊長、偵察中隊長などの幹部が殺害され、駐機中のヘリ四〇機が破壊された。

その後もウクライナ軍はミサイル攻撃や戦闘爆撃機による攻撃をくり返し、ロシア軍はさらに人員や器材を失う。九月にウ国防省の報道官は、三九回の攻撃で「(ロシア軍の)二四七空挺連隊はもはや存在しない」と揚言するに至る。

決戦は望まないが、執拗な消耗戦を強いる手法に悩まされたロシア軍は、三月二日にロシア国防省が大々的に占領と発表した州都のヘルソン市街を確保するのが精一杯で、結果的にオデーサ、モルドバ方面への進出は阻まれてしまう。東部二州と同様にモルドバには、沿ドニエストル共和国と自称する分離領土があり、一四〇〇人のロシア兵が駐留してヘルソンからオデーサを経て西進してくるロシア軍と合流する好機を窺っていた。ウ軍は国境の鉄橋を爆破することで、そのリスクを封じた。

こうしてドンバスからモルドバに至る陸つづきの回廊は実現しなかったが、マリウポリの争奪戦ではロシア軍は苦闘の末、何とか勝利を収めることに成功している。裏街道のマリウポリが内外の関心を集めたのは、ロシア軍が劇場、病院、芸術学校などを狙った無差別のミサイル攻撃や空爆で、子どもをふくむ住民数百人の人命を奪ったことにある。ゼレンスキー大統領は、避難民が集まった劇場や敷地に白い大文字で「子どもたち」とロシア語で記しておいた例を挙げ、「これは戦争犯罪以外の何物でもない」と強く非難した。

ロシア軍は最大規模の激戦後に市街地を占領すると、市民の脱出を許さず苛烈な審問にかける。反露的と疑われた人々は、拘束されて拷問を受け、殺害されたりロシア領へ連行される目にあった。

三月末にマリウポリ市長は「三六日にわたる戦闘で五〇〇〇人以上の市民が殺害され、三万人がロシア領に連行された」と発表した。国連は「少なくとも五八二七人」の犠牲者数を認めているが、実数はいまだに明らかではない。死因としては砲爆撃、凍死、射殺、餓死、病死などが挙げられている。

連行者のなかにはシベリア僻地の収容所へ送られた者もいるとされる。この地区ではロシア人とウクライナ人は半々なので「ロシア人がロシア人を殺している」という皮肉な見方もあったぐらいだ。

四月二一日プーチン大統領は「マリウポリ市のほぼ全域を占領し戦闘は終った」と声明した。しかし市内に広大な敷地を占めるアゾフスタル製鉄所の地下シェルターにたてこもる二千人余のウクライナ軍は降伏勧告を退け、抗戦をつづけた。さまざまな部隊の混成だったが、なかでも注目されたのは、二〇一四年に誕生した義勇兵団でマリウポリを攻略して勇名をはせ、内務省の国家親衛隊に編入されたアゾフ大隊である。

四月中旬にNHKの取材に応じたゾリン隊長は「包囲している一万四〇〇〇人以上のロシア軍から連日の砲爆撃、沖合の艦艇からミサイルを撃ちこまれる日々が一か月以上つづき死傷者も続出しているが絶対に降伏しない」と断言していた。

それでもウ軍は弾薬、食糧などの補給をヘリで試みたが、八機を撃墜され、大統領は「ヘリ乗員の九割が帰還しなかった」と沈痛な表情で報告した。

五月一六日、遂にウ軍司令部は「任務を完遂した」として守備兵に撤退を命じたが、実際には投降する形になってしまう。

ロシア国防省は、投降者二四三九人、うち五三一人がアゾフ大隊の所属と発表している。そしてネオナチのテロリストと位置づけられたアゾフの兵士たちは捕虜待遇を受けられず、戦犯として裁かれる可能性が大きい。

このようにして三か月近い激戦場となったマリウポリは、市長が「市内の民家や集合住宅ビルの九割が破壊され、残留した市民の生活は中世に逆戻り」と嘆く惨状を呈したが、マリウポリにつづいて注目を浴びたのが、ヘルソンとマリウポリの中間に位置し、欧州最大級と言われるザポリージャ原子力発電所の運命である。

原発が位置するのは州都のザポリージャ市とドニエプル川を隔てた南岸のエネルホダルだが、なぜかロシア軍はメリトポリを経由して三月四日に原発を占拠すると前進を停止し、州都をウクライナ側の手中に残した。

ウ側は原発を居抜きの状態で明け渡し、ウ国営の原子力企業エネルゴアトムの職員が保守管理を継続したが、不可解な事態が続発する。早くも占領直前にロシア軍が原発を砲撃し、建物のいくつかを炎上させたのである。職員が直ちに火災を消し、放射能洩れを食いとめたが、ゼレンスキー大統領は「事故が起きる寸前だった」と述べ、クレバ外相は「爆発したらチェルノブイリ事故の一〇倍の規模になる可能性がある」と警告した。

幸い事故は起きなかったが、ウォール・ストリート・ジャーナル紙は、その後もロシア軍は原発の敷地内に多連装ロケットや戦車などを配備していると指摘した。原発敷地に対する砲爆撃はその後もくり返され、九月一日に「国際原子力機構」（IAEA）の調査団が視察している最中にも着弾し、抗議されると「ウ側の自作自演」と応酬する非常識ぶりを見せた。

プーチンとロシア軍の原発をめぐる「火遊び」を自制させる手段はないのか、と考えあぐねていると、九月一九日にはロシア軍のミサイルがミコライウ州の原発へ飛来し、建屋から300メートルの地点へ着弾した。ザポリージャ原発に対する攻撃は一〇月になって再燃し、外部電源が破壊されて職員が非常用発電機でかろうじて冷却作業を継続した。自国も放射能の被害者になりかねない愚行を止めないロシアの意図は不可解というしかない。

折しも各方面から待望されていたウクライナ軍による大規模な反転攻勢が始まった。

ウ軍反転攻勢の勝利

欧米のメディアやアナリストたちは、早くから、米欧の供与した本格的な支援兵器が到着する六月頃に、ウクライナ軍の本格的な反撃が始まるだろうと予測していた。主攻勢の正面としては、ドンバス地区か南部のヘルソン地区か見解は分れたが、大勢はヘルソン説に傾く。

それなりの予兆はあった。七月一一日にゼレンスキー大統領が国防相に南部奪還を指示したという報道が流れた。ハイマースによるロシア軍の司令部や弾薬庫などへのピンポイント砲撃が加えられ、八月一四日にはウ政府がヘルソン市民の退避を呼びかけ、露軍司令部は後方のメリトポリへ移り、ドンバスからの増援を仰いだとされる。

ヘルソン戦線ではすでに半年近い膠着状況がつづき、露軍は一万〜一・五万の兵力では足りないと判断したのだろう。詳細は不明だが、一一月一一日に露軍がヘルソン市を撤退してドニエプル川の東岸に移った時の兵力が三万余と発表されている点を考慮すると、かなりの規模の増援兵力（一説だと九月上旬に約一万が送りこまれたという）だったかと推測される。

八月に入ると、クリミア半島の露軍司令部や軍事施設に対する破壊事件が続発した。多くはウ軍のパルチザン活動の成果だったようだ。

こうした一連の「予兆」を経て八月二九日、ウ大統領府は、南部奪還をめざす総攻撃の開始を発表し、ゼレンスキーは「ヘルソンの戦闘で生き残りたければ逃げるしかない」というロシア兵に宛てたメッセージを告げた。

ウクライナ軍の攻勢は北、北々東、北東の三方向から開始され、露軍の防衛線を突破したとか、ハイマースがドニエプル川の橋を破壊したとか次々に勝報が流れ、モスクワ・タイムス紙は「ウ軍は南部奪還の反攻に出たが、西側からの供与兵器を効果的に使っている」と評した。

このように世界の耳目がヘルソン周辺に集まっているさなかの九月六日、ハリコフ地区のウクライナ軍が電撃作戦を発動し、四日後の一〇日、ウ軍がハリコフ州のほぼ全域を奪回したと公表した。同時にロシア国防省も「ハリコフ州から全面的に撤退、再編してドンバス地区へ転進する」とさりげなく応じたが、誰が見ても露軍がウ軍の巧妙な陽動作戦にひっかかった事実は否定できなかった。

実際にロシア軍はウ軍の「南部攻勢」に対応するため、戦車と砲兵をふくむ精鋭部隊を閑散なハリコフ州から引き抜いて、ヘルソン地区へ送りこんでいた。

それでも強いて探すと、ヒントらしき情報もなくはなかった。ヘルソンへの「偽装攻勢」が開始された同じ八月二九日に、米CNNテレビは「本格的攻撃前の軍事行動で目をくらませ、新戦場を形成するシェーピング・オペレーションと呼ばれる米軍のドクトリンがある」という米高官談を伝えている。

暗にヘルソンは陽動戦略かもしれないと示唆したとも受けとれる。さらにくだんの高官はロシア軍が衛星画像で「新戦場」の地点を探知するかもしれぬと暗示してもいる。

「オペレーション・スピアヘッド」（槍の穂先）と名づけられたウ軍の大反転攻勢が発動されたのは、前述のように九月六日だった。南側のドネック州からの攻勢と見せかけ、ハリコフからバラクリアを経てクピヤンスクに到達したあとウ軍の主力部隊はオスキル川沿いに南下する。あわてふためいたロシア軍は、ドンバス地区への補給拠点であるイジュームから退散した。

四日間で80〜100キロを突破する急進ぶりで、後退する露軍を追撃するウ軍が追いこす情景も見られたようだ。バラクリアでは露軍最強とされる第二三七空挺連隊を全滅させ、逃げおくれた西部軍管区司令官のシチェルボイ中将が負傷して捕虜となり、ひざまずいて尋問される画像が流れる。

ドローンで見つけた手薄な地点にウ軍の戦車第三、第四旅団（T-72、T-64装備）が突進し、露軍の第四戦車師団を壊滅させた。ロシア軍はT-80など主力戦車八六両、装甲戦闘車一五八両、砲一〇六門を失ったが、戦車の過半は無傷のままの捕獲で、損耗がひどすぎたので「戦車四両師団になった」と笑いの種にされる。

ハリコフ州の南に隣りあうドンバスの二州は、平坦な農地が広がり、戦車対戦車の対決には好適な舞台だったが、一貫して守勢にまわっていたウ軍には、それまで戦車を投入する機会が乏しかった。それだけに戦車隊登場と戦果にウクライナ国民は沸きたった。しかし奇襲されパニックを起こしたのでなければ、旧ソ連製の旧式戦車しか持たないウ軍の一方的な勝利はありえなかったろう。

メディアの興奮ぶりを伝える見出しをいくつか拾ってみると、「戦史に残る敵陣突破」「陽動成功」「ウクライナ奪還次々」のような例がある。専門家の論評も見逃せない。

ハートリング米退役将軍は「ロシア人を袋叩きにする見事な作戦、しかも相手はほぼ無抵抗」と讃えた。イジュームに急行した特派員たちからは「パニックに襲われたロシア軍は大量の戦車や装備、友軍の負傷兵まで置き去りにして敗走した」というウ軍兵士の証言が伝えられた。

ゼレンスキー大統領も現地を訪れて兵士たちを慰労し、勲功のあったシルスキー陸軍司令官や第二五空挺旅団など五個旅団の隊名を挙げ、賞讃を惜しまなかった。

ではウ軍が次に打つ手は何か、識者の見解は分れた。ヘルソンを攻めるか、ザポリージャ州を南下して南方回廊を分断するか、一〇月も半ばになると秋の泥土（ラスプティツァ）で大兵力の機動は制限されるので、その前に決戦を挑むべきだという意見も少なくなかった。

余勢に乗じて敗退するロシア軍を追撃してドネツク州北半を掃討し、ルガンスク州の失地（リシチャンスク、セベロドネツク）を奪い返す積極策もありえた。だがウ軍は立ちどまって形勢を観望したのち、次のステップに踏みだす堅実策をとるだろうと内外の識者は予想した。敗退したロシア軍も、この予想を共有したかと思われた。

ところが予想は外れた。イジューム占領後も、ウ軍は東方への追撃をやめず、ドネツ川の両側に沿ってリシチャンスクへ向けて急進した。それをウ軍の陽動作戦と見破ってか、ロシア側のブロガーはＳＮＳで警告を送りつづけていたのだが、ロシア中央軍司令部は無視したらしい。

折から九月三〇日にプーチンが発したルガンスク、ドネツク、ザポリージャ、ヘルソン四州のロシア領への編入宣言に気をとられていたためかもしれない。気づいた時には最前線の要衝リマン（イジュームの東方50キロ）のロシア軍五〇〇〇人が包囲されていた。

全滅か降伏かの窮地に追いつめられた守兵の一部は、ウ軍がわざと開けておいた退路を通り一〇月一日に脱出したが、三日間で一二五〇人以上を殺害したとするウ軍第二五空挺旅団の報告が正しければ、再起不能に近い打撃を蒙ったと見てよい。補給根拠地として集積していた装備や資材も置き去りにしているので、ドンバス方面におけるロシア軍の反対攻勢は至難となった。

こうして戦局の軍事的行きづまりと東部・南部四州の併合という政治的ゲームや兵力不足に対応する徴募体制の強化が並行して進む。

◆コラム◆「軍事的敗北と破産は突然やってくる」

ロシア軍には「準軍事組織」（パラミリタリ）という特異な集団がある。ウクライナ戦争で存在感を見せているのは、「プーチンの料理人」が前身と伝わるエフゲニー・プリゴジンが創設した民間軍事会社の「ワグネル」とチェチェン共和国首長のラムザン・カディロフがひきいる私兵集団「カディロフツィ」である。

いずれもシリア派兵など正規軍が動きにくい国際紛争に投入され、ウクライナ戦争でもキーウやドンバス戦線で便利に使われてきた。

ワグネルが令名をはせたのは、兵力不足のロシア軍を補充するために思いついた奇策であった。除隊後の恩赦と高給を約して死刑をふくむ囚人から志願兵を募るためプリゴジンが刑務所に出向いて演説する画像が流された。志願者は直ちにドンバス戦線につぎこまれている。

カディロフの言動は、より過激だった。九月のイジューム戦で撤退命令を出した軍部にＳＮＳ上で批判の声をあげていたが、リマン失陥の報を聞くと、ロシア系通信アプリ「テレグラム」への投稿で中央軍司令官ラピン将軍の責任を追及した。ひとつには現地のチェチェン部隊から「司令部の作戦指導が拙劣なため補給が絶え、包囲されて死の標的になっている」と訴えてきたのがきっかけだったようだ。

カディロフの言い分だと、ゲラシモフ参謀総長に伝えたが「ラピンに任せておけば心配は無用」と取り合わなかったとして、怒りはラピンの個人攻撃へエスカレートした。

「ラピンは一週間前に司令部を１００キロ後方に、自身はさらに50キロ後方に退いた」（見殺し？）

「ラピンは参謀本部の覚えは良いらしいが、凡庸な男」

「私ならラピンを（大将から）二等兵に格下げして前線へ放り出す」

と散々だ。

軍部が一言も反論しなかったのは、あいつぐ連敗に自信を失い、指揮統制もままならぬ混乱から抜け出せない内実を想像させる。カディロフの暴言をプーチンがどうさばくか注視されたが、一〇月二四日付でラピン大将を解任し、それまでロシア軍の階級を持っていなかったカディロフを上級大将に任命する人事で、あっと言わせた。

解任劇はそれだけではすまなかった。ウクライナ戦線の総司令官は、ドボルニコフ（四月）、ジドコ（六月）、スロビキン（一〇月）と変わり、その下の軍管区司令官も、六月に四人のうち三人、一〇月にも三人が解任されるというめまぐるしさだった。

しかし解任騒動は終わらなかった。年が明けて一月一一日付でゲラシモフ参謀総長が三軍を束ねる特別軍事作戦の統括総司令官を兼任するという異例の人事が発令されると、ラピン将軍は地上軍参謀長に復活する。

ロシアの四州併合と追加動員

プーチン大統領は侵攻開始前からクリミアの成功例にならった「ロシア化」の拡大を計画していた。その範囲は軍事作戦の達成度で決めるつもりだったろうが、ルガンスク、ドネツク、ザポリージャ、ヘルソンの四州にあわよくばハリコフ、ミコライウ、オデーサ各州を加えた長大な回廊を想定していたと思われる。

「ロシア化」の内容は身分、選挙、経済、教育、福祉など多岐にわたった。地域差もあり、ロシア国籍の取得やパスポートの交付、ルーブル通貨の強制、学校への教材配布などに及んだ。とくにマリウポリやヘルソンのような新占領地では、親露派市民に対する年金の支給を再開したり、住宅の再建など生活水準の改善にも着手した。親ウ、反露分子と疑われた市民には、こうした「特典」は与えられず、拘留や強制連行などの過酷な処遇が待っていた。

次の段階として準備されたのは、住民投票を経てのロシア領土への併合で、九月一一日の地方選挙と同時にザポリージャ州、ヘルソン州の住民投票が予定されたが、なぜか一一月四日へと延期されていた。その理由が憶測されている時、九月二一日に「部分的動員」の名目で、ロシア軍の予備役兵約三二万人の召集が発令された。以前からプーチンが総動員令か戒厳令を布告するのではないかという予測は絶えなかったのだが、国民の反発を恐れてとりあえずは見送ったと思われる。

それでも召集対象者の選抜基準が不明瞭だったこともあって、首都をふくむ各地で抗議のデモが起きた。二日間で一四〇〇人余（二三年二月までに一万九〇〇〇人余）が逮捕され、政府批判の言論を封じる抑圧のなかで、反発ぶりは意外な手法で示される。

召集を免れようとする国外への脱出者が続出したのである。一〇月四日付の米経済誌『フォーブス』（ロシア語版）は、ロシア大統領府筋の情報として出国者が五〇万から七〇万人に達したと伝え、アルメニア共和国の内務省はロシア人の入国者八〇万と報じた。

隣接するジョージアへの入国許可を待つ脱出者の長い車列が放映されたのを見て、なぜプーチンはウクライナと同様に若者の出国を禁止しないのか、いぶかしく思った人は多かろう。その後も旧ソ連の共和国やフィンランド、NATO諸国への流出は止みそうになく、一〇月末までにモスクワ市役所職員の三分の一が国外へ脱出したという情報もある。

注目されるのは、動員免除の特典を与えたにもかかわらず九〇万人のIT技術者のうち一〇〜二〇万人が脱出したことである。彼らは技術力の高さには定評があり、各国から高給で引き抜かれる例が多く、アメリカのシリコンバレーでも多数が就職したと伝えられている。

徴集された兵士たちの間からも不満が噴出しているようだ。デモの列からひきずり出され、そのまま兵営へ送られたとか、与えられた兵器や装備が劣悪で、制服や靴まで自己調達を命じられたようなエピソードが伝わっている。

第一陣は直ちにドンバスの前線へ送られたが、塹壕を掘るスコップが行きわたらず手掘りを強いられているうちに死傷者が続出し、逃げ腰の兵士を監視する督戦隊が出動したといった哀話が伝えられている。

四州をロシア領に編入する大統領令が公布されたのは、徴兵をめぐる混乱がつづいているさなかの九月三〇日であった。四州の住民投票は二七日にすませていたとされる。二つの刺激的処方をほぼ同時に強行したプーチンの意図は何だったのか。推論してみる。

まずあわただしい予備役兵の動員は、死傷者約一〇万人以上（一一月九日のミリー米統合参謀本部議長談）に達したロシア軍のマンパワー不足に対処するのが直接の動機ではある。訓練期間が必要なので速効性は乏しく、ウクライナ軍の攻勢を食い止めるのに追われ、戦闘は長期化する可能性が高まったとされる。

併合を予定している四州のロシア支配地域は、東部ルガンスク州のほぼ全域（ただし戦前のロシア系住民の比率は39％）、ドネツク州の約六割（同38％）、南部ヘルソン州の約九割（同14％）、ザポリージャ州の約七割（同25％）と格差があり、ロシア系住民の比率で

58%を占めるクリミア州に及ばない。

四州の併合を定めた「条約」は「国境」について「州が形成された日、およびロシアに編入された日の境界によって決定される」と規定している。だがロシアが想定する「国境」が四州の州境を指すのか、既定の支配地域の境界を指すのかは不明確だった。

ロシアは四州に戒厳令を施行させ、住民をロシア軍に徴兵し、「ウクライナ人をウクライナ軍と戦わせる」場面を想定していたらしく、実際にも一〇月中旬にザポリージャ州で三〇〇〇人の男子を徴兵したようだが、定着させられるかは疑問だ。

このような難題に直面して、さすがに強気で押し通してきたプーチンのカリスマ的指導力にも、かげりが見えはじめる。勝報だけしか伝えてこなかったロシア国営テレビは一〇月二日、リマンの敗走を嘆き、部分的動員令の不備を批判した。出演者からは四州併合を非難、現状でロシアに四州を統治する能力があるのかと疑問が投げかけられた。

この間にプーチンの言動も異様にゆれ動く。九月一六日に「戦争目的はドンバス全土の解放」と宣言したかと思えば、四州の併合を発表した三〇日のテレビ演説では「主敵はウクライナではなく、米国・西側連合などの〝悪魔崇拝者〟」ときめつけた。

本来なら楽勝するはずだったのに、米欧の多大な軍事支援に支えられたウクライナ軍に苦戦しているというロシア国民への言い訳だろうが、それだけでもなさそうだ。

当事者能力を持つ米国もＮＡＴＯも戦術核の使用をちらつかせるロシアとの直接対決は避けたいはずだから、不完全でも四州を確保したまま停戦か休戦に持ちこめるかもとの期待感を示唆したのかもしれない。

一一月のウ世論調査では「すべての領土を取り返す」が85％の高率に達していた。ゼレンスキー大統領にとってクリミアはともかく、四州の主権回復は譲れぬ一線だとすれば、軍事作戦の継続で優位に立つしかない。

ここで秋から冬にかけての戦況に目を移すと、東部ではバフムトを焦点とするドネツク州、南部ではドニエプル川を挟んだヘルソン州で押しつ押されつの攻防がつづいていたが、一〇月に入るとロシア側の主導で戦局は大きく動いた。

ヘルソン撤退と「戦略爆撃」

第一は、二〇二二年一一月一一日にロシア軍がヘルソン市からの撤退が完了したと公表したことである。ゼレンスキーは突然の勝報に「今日は歴史的な日」と祝辞を述べたが、予兆がなかったわけではない。

一〇月八日にウクライナ戦線の最高司令官に就任したと公表されたばかりのスロビキン大将が数日後に「(ロシア軍は) 苦戦中だが、最も困難な選択が待っている」と思わせぶりに述べ、すわ退却かとの憶測が飛びかった。

ドニエプル川の橋はウ軍の砲撃で破壊され、西岸のヘルソン市への補給ルートはほとんど断たれていた。軍事専門家たちは半ば孤立下にあるロシア軍の精鋭部隊を救うには、早目に東岸へ後退するのが常道だが、プーチンから死守命令が出ているらしいので、全滅を覚悟しての市街戦に至るかもしれないと論じあった。

ところが意外な情景が一一月九日の国営テレビに映しだされた。スロビキン総司令官がヘルソン市のロシア軍守備隊を東岸に下げたいと提案し、ショイグ国防相が「同意する」と答えたのである。

そして撤退した兵力二〜三万は軍事車両五〇〇〇台とともに、ドニエプル川の東岸に準備されていた防御陣地へ「配置転換」されたと伝えた。関連情報をめぐっては、さまざまな論評が流れた。一部の兵力を残し、進入してくるウクライナ軍をゲリラ戦のワナにかけるのではないかとの予測も出る。だが、ウ軍は慎重だった。まず特殊部隊を先遣してゲリラ分子を掃討したあと、州庁舎に国旗をかかげ、歓迎する市民と交流するシーンを見せた。

その後もウ軍は勢いに乗じ川の東岸へ追撃するのを控えた。ロシア軍も撤退した兵力の一部をドンバス戦線やメリトポリ地区へ移す一方、ウ軍のクリミア半島への進撃を阻み、回廊を守る姿勢を変えていない。

ヘルソンはロシアが獲得した唯一の州都だけに、プーチンにとっては、深刻な政治的失点になったと強調する論評が多い。関連して現場指揮にまで介入していた習性を改め、スロビキン将軍に代表されるプロの軍人に委ねる方向へ転じたとする見方も出た。

ヘルソンからの撤退と次に記す「戦略爆撃」の実施は、他ならぬスロビキンが提起した新戦略だったようだ。この将軍は地上部隊出身だが、シリア派兵の司令官を経てウクライナ戦争では航空宇宙軍司令官から一時は南部軍管区司令官を兼ねた。パラミリタリ集団のプリゴジンやカディロフの支持も得ていたのが、プーチンに登用された理由だろう。「一人殺されたら三人殺せ」と放言する残忍性も気にいられた一因かもしれない。

在来の巡航ミサイルとイラン製自爆型ドローンの「シャヘド136」を組みあわせた「戦略爆撃」の新機軸は、それまでの標的が軍事施設を中心としていたのに対し、発電所、暖房施設、水道などの民生用インフラを狙い撃ちする手法に訴えた点にある。

名目は一〇月八日にロシア本土とクリミア半島のケルチを結ぶ全長約19キロのクリミア大橋（高速道と複線鉄道の二本建て）の一部が爆破された事件への「報復」とされた。下手人は確定していないが、プーチンはウクライナ側の謀略とこじつけたのである。

一〇月一〇日から始まった「報復」攻撃は、キーウだけでも一週間に六三八回の空襲警報が発令される頻度だったが、迎撃ミサイル、高射砲、戦闘機を動員したウクライナの防空陣は、奮闘して**表5**が示すように、六割以上の撃墜戦果を収めたとされる。

年末までに六〇〇基のドローンが飛来したが、なかには新年の一月一～二日のように、飛来した八〇基のシャヘドの全基を撃墜したと大統領が誇示した例もある。だがロシア側は安価な「使い捨て」兵器とみなし、イランから一〇〇〇発以上の追加購入を予定しているというから、在庫切れになる心配はなさそうだ。

そのうえ攻撃側はウクライナ全土に標的を分散しているので、落し洩らしが出るのは避けられない。一時は発電所の三割が破壊され、二〇〇〇万人以上が停電と集中暖房の停止で酷寒へのリスクが迫ったが、ウ政府は全国に四〇〇〇か所以上の待避シェルター（多くは地下室）を急設し、破壊されたインフラの復旧に努めた。欧米諸国からも発電機や防寒具が届き、暖冬にも恵まれ何とか極寒の季節を乗り切った。

ウクライナ側の報復的な対抗策も登場した。それまでロシア本土内への砲爆撃は自制してきたのだが、一二月五日にはロシア南部サラトフ州のエンゲリス空軍基地（国境から620キロ）とモスクワ南東のリャザン州ジャギレボ空軍基地（国境から500キロ）に対し、ウ軍のロシア製（一部を改修か）無人機が突入する。前者では核兵器を搭載可能な戦略爆撃機T-95が二機損傷したとロシア軍が公表した。いずれも機上発射のミサイルで遠方からウクライナを攻撃してきた爆撃機である。

ウ軍は公式にはこの「報復」攻撃を認めてはいないが、二三年二月末、三月末にもモスクワ近傍への無人機攻撃が実施され、折しもプーチンは修理中のクリミア大橋を自身で運転して渡橋する画像を誇示したところで、ウ軍のドローンを迎撃できず奇襲されてしまう。首都モスクワへのドローン攻撃は米国から中止（延期）を指示され断念したとワシントン・ポスト紙が報じたことがある。

だが孤立感を深めるロシア側にも、味方が皆無というわけでもない。八月以降に数十基のドローンを供与したイランは、ロシア国内に共同生産拠点を設置するとか、数百発の弾道ミサイルを供給する見返りに、最新型の戦闘機や核開発技術を供与されるらしいという風聞も流れている。

表5　ロシアのミサイルとドローンによるウクライナへの攻撃例

2022年10月～23年

日付	ミサイル		ドローン	
	来襲	撃墜	来襲	撃墜
10月10日	84	43	24	13
11日	30	22	17	13
18日	33	18	43	37
22日	40	20		11
31日	50	44		10
11月15日	90	77		17
23日	70	51	5	5
12月5日	120	60		17
10日			15	10
14日	1		13	13
16日	98	60		
18日			35	30
19日			34	18
29日	69	54	23	18
31日	20	12	45	45
1月1～2日			80	80
26日	70	47		24
2月10日	106	61	28	20
16日	41	16		
3月9日	81	34	8	4
4月19日			26	21
28日	23	21		2
5月1日	18	15		
4日			24	18

出所：ウクライナ国防省発表

注（1）迎撃（intercept）と公表している場合は「撃墜」と同義とみなした

（2）来襲したミサイルは巡航と弾道ミサイルの合計

（3）ドローンの大部分はイラン製「シャヘド136」

注目されてきた中国は、国連の場などではロシア支持の姿勢を捨てていないが、ウクライナ戦争については静観の態度を保っている。

米国は、一二月九日には無人機への対抗システムなど三億ドル近い追加軍事支援を実施すると発表した。「旧冷戦」に替る「新冷戦」の対立構造は、見通しがつかないままに、冬を迎えてウクライナ戦争は膠着状況で二〇二三年を迎えた。

第四章

ウクライナ戦争の諸相

「人間は経験から学ぶことが
もっとも少ない動物である」
——バートランド・ラッセル

キーウ上空に飛来したドローン「シャヘド136」
©AFP＝時事

航空戦と空挺

第三章までは、陸上戦闘を軸に、ウクライナ戦争の経過を時系列的に追ってきたが、本章では視角を変え、補足を兼ねて分野別に戦争の実態に迫ってみたい。

まず取りあげたいのは、防空や空挺をふくめた広義の航空戦だが、この戦争ではどことなく影が薄い。戦爆連合の大編隊による戦略爆撃、戦闘機隊同士のドッグファイト、落下傘の大群が空に舞う空挺作戦など在来のイメージに合う華々しいシーンはついぞ見かけない。もはや「頭上の敵機」や「トップガン」の時代は去ったのかと感慨を覚える人は少なくないだろう。

すでに湾岸戦争（一九九一年）でアメリカ軍と多国籍軍は、地上侵攻に先だち、五週間にわたる空爆と一一〇〇発にのぼる巡航ミサイルの波状攻撃でイラク軍の戦力を破砕したあと、五日間の地上作戦で戦争を終らせている。

海軍を加えた航空戦の主役が有人飛行機から精密誘導ミサイルに移行したことが広く

認識される。軍事専門家の間では、第二次大戦期のB-17重爆一〇〇〇機分に相当する爆撃効果をF-117戦闘爆撃機が一機だけで果たしえた例をあげ、「軍事技術の革命」と呼んだ。しかし矛と盾の競合に似て、攻撃ミサイルに対抗する迎撃ミサイル・システムが開発され急速に普及した。

さらにその間隙を縫うかのように、無人機や自爆ドローンのような奇襲兵器も登場する。最初はワシントンの司令部からの遠隔操作で、アフガニスタンの戦場を走る車両を無人機で爆破する先端的ハイテク手法として注目された。ついで携帯用の小型ミサイルと無人機が簡便性と安価さから「貧者向け」の効率的兵器として愛用されることになる。

こうした観点からウクライナ戦争の航空戦を見直すと、地味ではあるが、攻守にわたりミサイルと無人機（ドローン）が主導的役割を果した姿が見えてくる。

とくにロシア軍が軍事施設にとどまらず、病院、学校、集合住宅など民生用施設をも無差別に標的とする手法は国連や西側諸国から非難を浴びてきたが、自制する気配はなさそうだ。

ロシアの国営テレビは開戦初日に「ウクライナ軍の防空システムと航空基地を破砕した」と公表したが、それは予定稿を読みあげたことが明らかになる。それどころかウクライナ側の防空態勢はロシアの期待に反し、開戦から一年を経ても崩れるようすはない。初動段階では欧米顧問団の助言もあって、旧ソ連製のS-300など地対空の迎撃ミサイルや防空戦闘機を分散移動させたり、防空用レーダーの狙い撃ちを避けるため、電波を封止するなどの対策で損害を最小限にとどめた。

開戦時の防空戦闘機は、ミグ-29型が五一機、SU-27型が三一機で、うち三三機を失ったが、ポーランドなど近隣諸国から供与されたミグ-29などを補充し、一年後もかろうじて拮抗する戦力を維持しているようだ。

二〇二二年二月一三日には、一七機の米軍輸送機がジャベリンとスティンガーの第一陣を送りこんだ。三月にはさらに米を主に英やドイツが緊急に供与した携帯式の地対空ミサイル（スティンガーやNLAW）が配備され、低空で飛来するロシア軍の戦闘爆撃機や攻撃ヘリコプターは近づきにくくなり、制空権を奪われずにすんだ。

その後も米を筆頭にNATO諸国からNASAMS（ナサムス）などの防空システムやドローンが供与されたが、そもそも専守防衛の態勢にあったウクライナとしては、ロシア軍のミサイル発射源を叩く手段がないので、撃墜率を高めても撃ち洩らしたミサイルやドローンによる被害は防ぎようがなかった。

その状況が変わったのは、一〇月一〇日からプーチンの号令で、ロシア軍が攻撃の標的を発電所などの民生用インフラに移したことである。冬の到来を控えて停電や断水でライフラインへの脅威は高まった。その報復としてウクライナは一二月五日、ミサイル発進基地と推定されたロシア領の二つの航空基地へ無人機による攻撃を加えた。国境から数百キロ離れた内陸部への進攻は初めてで、次はモスクワかとメディアは騒いだ。

それを機にゼレンスキー大統領は、改めて高性能の防空ミサイルの追加供与を要請し、一二月二一日の訪米時にバイデン大統領から首都ワシントンの防空を担任しているパトリオットの供与を認めさせる。しかし以前から熱望していた最新鋭戦闘機の供与は、ロシアへの過度な刺激を避けたいバイデンにやんわり断られたようだ。

ここで不振をきわめるロシア空軍の動静に触れると、そもそもウクライナ空軍が正面から立ち向かうのは至難で勝味はないというのが、欧米軍事専門家のほぼ一致した評価だった。ロシア空軍のほうも「大軍に戦術なし」のことわりどおり開戦と同時に、あらかじめ配備しておいた有人機、無人機、巡航ミサイルなどの全航空兵力を一挙に投入してウクライナ軍の防空中枢や飛行隊を撃破できるだろうと予想していた。あわよくば、初日のうちに制空権を獲得するのも不可能ではないと思われたが、防空網の制圧手法でロシアは手を抜く失敗を犯した。

　米空軍は制空権を獲得する過程の手順として、敵防空網の「制圧」（SEAD）と「破壊」（DEAD）の二段階に区分することを重視していた。

　まず先行する戦闘機が敵レーダーの電波をとらえて発射する対レーダー・ミサイルにより敵の地対空ミサイルのレーダーを目潰し（SEAD）して、反撃能力を麻痺させる。ついで後続の主攻撃で大型の巡航ミサイルと戦闘機や爆撃機も動員して防空施設、通信拠点、飛行場などを徹底的に爆砕（DEAD）して一挙に制空権を確保するという段取りである。

　ところがウクライナ侵攻の初日朝に、ロシア空軍はSEADを省略して、いきなりDEADに踏み切ったようだ。ロシア空軍が展開した兵力が一〇〇〇機前後に対し、ウクライナ空軍は戦闘機、攻撃機を合しても実動は百機に満たず、それもロシア製の旧式機が多かった。防空用の地対空ミサイルS-300も同様であったから、ロシア側は一撃で踏みつぶせると甘く見たとしか考えられない。

　しかし弱体であることを自覚していたウ空軍は、事前に米空軍から必要な情報をもらい、予想されるロシア空軍の攻撃への対処策も打ち合わせずみだった。それは対レーダー・ミサイルによる被弾を避けるため、地対空ミサイルも戦闘機もあらかじめ分散して運用する手法である。

その結果、ウ軍防空陣の損害は少なくてすみ、逆にロシア空軍は最初の一か月で一二〇機を失ってしまう。直後にアントノフ飛行場へ低空で飛来したロシア空挺部隊の先陣も、ヘリ数機を撃墜され、滑走路を使用不能にされたため、後続部隊は着陸を断念するしかなかった。

空挺部隊は米英をはじめ最精鋭の兵士で構成する傾向があり、ロシアも例外ではなかった。アントノフに投入され壊滅した部隊は、格式の高い「親衛」の称号を名のる「第三一独立親衛空中強襲旅団」(31st Separate Guards Air Assault Brigade)が正式の隊号である。

だがウクライナ戦争に動員された空挺部隊は不運つづきで、成功した例は皆無に近い。ヴァシリキウ、ヘルソン、ミコライウ、ハリコフの失敗例のほかに、本来の任務外に属す地上戦闘に駆りだされた例が多く、損害も大きかった。六月三〇日付のBBCは空挺隊の死者数(四〇一〇人)が全体の30%を占め、狙撃部隊(歩兵)の19%を上まわると報じている。

戦場が国内に限られたため、ウクライナの空挺部隊（六個旅団）は、本来の任務に登場する機会はなかったが、重要な地上戦闘に投入された。九月のイジューム攻略戦では、第二五、七九、八〇空挺旅団が大統領から名指しで賞讃され、勲功メダルをもらっている。

◆コラム◆「キーウの亡霊」伝説

大ヒット映画で人気を集めた「トップガン」は、空対空ミサイル（赤外線追尾とレーダー追尾の二種）と機関砲を駆使してのドッグファイトに勝利する戦闘機パイロットの物語だが、その時代は去りつつある。

五機以上の撃墜者には第一次大戦の頃からエース（Ace）の称号が与えられるが、湾岸戦争では三機が最高でエースは出現していない。それでも二〇〇一年にイスラエル空軍のF‐15（米国製）とシリア空軍のミグ‐29（ロシア製）が交戦し、F‐15が勝利する二一世紀最初のドッグファイトが起きている。

そこへウクライナ空軍のパイロットが、開戦の初日か翌日の夜間迎撃戦で、ロシア機とドッグファイトを交えた。しかも一挙にミグ‐29など六機を撃墜しエースの資格を得たというニュースが内外のＳＮＳ上をかけめぐった。

ロシアのメディアはからかい気味でか、このパイロットを「キーウの亡霊」（Ghost of Kiev）と命名し、ウ空軍は該当者はいないと存在を否定したが、噂は広がる一方で、記念グッズやミグのプラモデルが売りだされるという盛況を呈した。するとウ空軍当局もキーウ防空を担任している第四〇戦術航空旅団のイメージを具象化したと考えてもらって結構、とコメントするようになった。

実際に旅団のパイロットはロシア軍機が飛来すると出撃して空戦を挑み、撃墜戦果をあげた例もあったようだ。

「幻のエース」の正体を割りだそうとするＳＮＳ上の探索はなおもつづき、四月二九日付のタイムス紙は、六機どころか計四〇機を葬った二九歳のステパン・タラバルカ少佐だと指名したが、すでに三月一三日に戦死していたので、裏のとりようがなく、うやむやになってしまう。

ついでに明らかにされたのは、開戦後に志願復帰した予備役のパイロットが数十人いたという事実だった。そのひとりである五三歳のオクサンチェンコ大佐は、エアショーで優勝してゴールド・スター勲章をもらった経歴があり、市会議員の職を捨ててはせ参じたのだが、二月二五日に露軍のS-400ミサイルに撃墜されてしまう。
その三日後にはSU-27のパイロットだった五八歳のイワノビッチ少佐が、露軍の戦闘機とのドッグファイト（？）で撃墜され戦死した。
「キーウの亡霊」の戦果は専門家からまずありえない虚像として笑い話にされているが、苦闘するウクライナ国民の士気を大いに鼓舞する伝説となったのはちがいなかろう。

また例外的だが、ウ空軍は国境外数十キロのロシア領拠点に対するミサイル攻撃を数回試みている。詳細は不明だが、二三年三月一日夜のベルゴロド（国境より25キロ）への越境攻撃では二機の攻撃ヘリコプターが意表をついて弾薬庫を狙い奇襲攻撃を加え生還したことが判明している。

双方の戦闘機による空中戦や戦闘爆撃機による地上直協戦も散発しているようだが、戦局の大勢に影響するほどの規模にはなっていない。理由は主としてロシア空軍に帰せられるが、不振の原因を箇条的に挙げておく。

一．組織上の弱点：独立性の高い米空軍と異なり、ロシア空軍はソ連いらい伝統的に地上部隊への直協任務を重視してきた。組織的にも飛行機隊、対空ミサイル、高射砲、空挺、ヘリ部隊の多くは軍管区司令官の指揮下に属していた。地上作戦には各軍管区から選抜したＢＴＧ（大隊戦術群）の混成で、陸と空の指揮系統が入り乱れ、統合戦力が発揮しにくいことが指摘されている。

二．ウクライナ軍の地対空ミサイル網などの防空システムが濃密なため、ロシア空軍機は及び腰となり、とくに爆撃機は安全なロシア領空に留まり、遠距離から空対地ミサイルを撃ちこむ消極性が横行している。

三．無人機やドローンは早くからロシア軍が採用して運用にも慣熟していたとされるが、攻勢の局面では出番が乏しかった。それに対し、防空任務を優先したウ軍は民生用の小型ドローンまで大量に調達し、地上部隊と連係しつつ偵察や攻撃（自爆）任務で戦果をあげた。

欧米諸国が供与した防空システムは質量ともにロシアを凌駕し、なかでも米国が供与した対戦車用のジャベリンと対航空機用のスティンガーは、一人か二人の歩兵が肩に担いで発射する軽便性が好評を博した。

海上戦

伝統的に「大陸軍国」の伝統を守ってきたロシア（及びソ連邦）軍では、海軍は次等に位置づけられ、勝利の栄冠を手にする機会もなかった。

第二次大戦後の冷戦期には一時、最強の米海軍に張りあう姿勢を見せたこともあるが、ソ連邦の崩壊後は、弱小海軍と見なされる規模にまで転落している。

ウクライナ戦争の発動時におけるロシア海軍は北海、太平洋、バルト海、黒海各艦隊に区分されていたが、主力艦艇は空母一、巡洋艦四、フリゲート艦（駆逐艦に相当）一二、潜水艦四九隻などにすぎず、空母一一、巡洋艦二四、原子力潜水艦六七隻等をそろえた米海軍とは比較にもならぬ格差があった。

しかも二〇一四年にロシアがセバストポリ軍港を持つクリミア半島を奪った時に、旧ソ連海軍の一部を承継していたウクライナ海軍の艦船は捕獲されるか、自沈して姿を消してしまう。その後も再建に努めたものの、ウクライナ戦争の初頭には旗艦で３０００トン級の旧式フリゲート艦一隻の他は米沿岸警備隊（コースト・ガード）からもらい受けた100トン級の哨戒艇四隻などの雑艦だけ、他にヘリなど数十機の海軍航空隊、兵力六〇〇〇の海兵隊という貧弱な陣容だった。

対するロシアの黒海艦隊も旗艦のミサイル巡洋艦「モスクワ」（1万2500トン）の他にフリゲート艦五隻、揚陸艦六隻、哨戒艇四隻等で決して強力とは言えなかったが、ウ海軍に対しては絶対的な優位に立った。とくに「モスクワ」（のひきいる黒海艦隊）は開戦と同時に黒海沿岸を封鎖し、行き場所を失ったウ海軍の小艦艇を次々と撃沈するとともに南部のウ軍根拠地にミサイル攻撃を加えた。

唯一のフリゲート艦だったサハイダーチヌイは修理のためドック入りしていて動けなかったので、捕獲を恐れて自沈してしまう。ウ海軍の艦船はほぼ全滅となり、黒海艦隊は制海権を確保したかに見えた。

黒海艦隊は水陸両用作戦も試みた。目標はマリウポリとズミイヌイ島でいずれも成功した。後者はウクライナへの同情者を喜ばせるエピソードがからむ。黒海の南出口に近い孤島のズミイヌイ島（別名はスネークアイランド）にロシア艦隊は艦砲射撃を加え、守っていたウ軍国境警備隊に「モスクワ」が降伏を勧告した。

だが一三名の警備隊員は拒絶したので全滅したと判断したのか、ゼレンスキー大統領が「英雄」たちを讃える特別声明まで出した。ところがロシア国防省はすぐに八二名が降伏し捕虜になったと切り返す。フェイクニュースばかり流して国際的信用を失っていたロシア軍としては、メンツを回復した形だが、それを覆す「フェイク事件」が起きた。「モスクワ」の沈没である。

第一報の情報源は諸説あるが、ウクライナのオデーサ州知事が四月一三日にロシアの巡洋艦を国産の地対艦ミサイルの「ネプチューン」で攻撃し、二発の命中弾を与えたとSNS上に投稿したのが、最初だったようだ（翌日ウ国防省が追認）。

前後して黒煙をあげ左舷が傾斜している「モスクワ」の画像や動画（ロシア系）が世界中に流れたので、隠せないと覚ったのかロシア国防省は、翌一四日に「モスクワ」が艦内の失火で弾庫が爆発し、母港（セバストポリ）まで曳航する途中で「悪天候のため沈没」したが、「約五〇〇人の乗員は救助された」と報じた。一年後でもロシアは公式発表以外の情報を出しておらず、頬かむりしたままである。

決着をつけたのは、米国防総省がウ側の発表を追認したばかりでなく、「モスクワ」の航行位置など攻撃に必要な情報をウ側に提供した事実まで認めたことであった。

米国は「提供する情報の使い方はウ軍が決定した」と付言しているが、詳細は明らかにしていないので、さまざまな疑問が提起され、論争を呼んだ。次に疑問の要点を箇条的に列挙し、著者が整理した解答を示したい。

(一)「モスクワ」の位置を確かめた手法。
(二)レーダーと対空ミサイルで武装していたのに、なぜ「ネプチューン」の迎撃に失敗したのか。
(三)なぜ二発の命中ぐらいで沈んだのか。
(四)「モスクワ」の喪失で、黒海艦隊の行動は制約されたのか。

(一)については衛星画像で大体の行動は追えるが、リアルタイムで突きとめるには十分でない。それを補足したのは、交戦地域をすれすれに哨戒飛行を実施しているP-8など米軍の早期警戒機(AWACS)の速報だろう。「モスクワ」が攻撃されたのは、オデーサ南方65カイリの洋上だった。

(二)については、黒海艦隊のなかで最強の装備をしていても、所詮は艦齢四〇年の中古艦で、超低空で接近してきた「ネプチューン」を探知しそこね、艦橋の中枢部分に命中して誘爆を起こした。そのさいに、デコイ（おとり）として使われたバイラクタルTB2にまどわされた可能性もある。
（三）については、悪天候でもなかったのにあっさり沈んだのは、ダメージ・コントロールの不備、訓練の不足が指摘されている。
（四）については、首都の名を冠した艦隊旗艦を失う心理的衝撃が大きかったのはまちがいない。欧米メディアは第二次大戦後でロシア海軍が初めて失った巨艦とか、艦隊旗艦が撃沈されたのは、日本海海戦でバルチック艦隊の「スウォロフ」いらいだと書きたてた。
乗員の遭難者数についても諸説あり、一七名（ロシア政府公表）、四〇名、三〇〇名、艦長や副司令官も助からなかったという不確実情報をふくめ実態は不明。黒海艦隊司令長官のオシポフ提督は解任され逮捕されたと伝わっている。

いずれにせよ、「モスクワ」の沈没は、黒海艦隊の制海活動を少なからず制約することになった。オデーサ付近の内陸に配備されている「ネプチューン」の射程圏内に艦船を行動させるのは危険と見なされた。さらにバイラクタルや米が供与した対艦ミサイル「ハープーン」によってズミイヌイ島（蛇島）への補給船が狙われ損害が重なったので、ロシア側は島の保持は困難と判断したのだろう。

意外にも六月末に島から撤退してしまい、入れ替るようにウクライナ軍が上陸して、再失陥を避けようと堅固な防御陣地を築く。

軍艦を持たないウ海軍の攻撃で、年末までに沈没または大破した大小のロシア艦船は、少なくとも一三隻にのぼる。八月に入ってクリミア半島の港湾や飛行場に対するウ軍のミサイルやドローンさらに特殊部隊の奇襲が頻発する。二〇日にはセバストポリの黒海艦隊司令部がドローンに自爆されたのを機に、司令部はアゾフ海南端のノボロシスクへ後退せざるを得なくなった。

一〇月二九日には、「人類史上初の」とメディアが大げさに報じた空中ドローン九基と海上ドローン（自爆用舟艇）七基の同時攻撃が、セバストポリ沖のロシア艦船に加えられた。損害の程度は不明だが、黒海艦隊は「手も足も出ない」窮境に追いつめられたと言えよう。

「丸見え」の情報戦

ウクライナ戦争の核心に迫る短切なキャッチ・コピーが出まわっている。代表格は

「プーチンの戦争」だが、他にも「人類初のハイブリッド戦争」「世界初のサイバー戦争」「ドローン革命」「SNS時代（の到来）」など、広義の情報分野に的をしぼった刺激的なコピーが目につく。

いささか誇張気味とはいえ、この戦争で情報戦の比重が異様なほど高まっている実状を反映している。

「彼を知り己れを知れば百戦殆（あや）うからず」と兵法の始祖とされる孫子が説き、中国の人民解放軍が「三戦」（世論、法律、心理）を「砲煙の上がらない戦争」と規定しているように、洋の東西を問わず戦争指導者たちは情報戦を重視してきた。そしてテクノロジーの進歩とともに、その態様は多岐化、高度化していく。

情報源とする主な手段の観点から大別すると、古くはスパイ活動などの「ヒューミント」（人的情報）に限られていた。ついで一九世紀末に電信が登場して「シギント」（通信傍受や暗号解読）が、さらに最近では偵察衛星の画像などを分析する「イミント」などが加わった。ウクライナ戦争の戦術分野で突出した活躍ぶりを見せている無人機（ドローン）の特異な情報活動を、追加してよいのかもしれない。

いずれも「情報は盗んでくるもの」というイメージに副っているが、地味ながら「オシント」（公開情報）の蓄積と分析こそ、正統的手法と信じる情報実務家は今でも少なくない。

実際には各国の情報部門は、平時戦時を問わず、こうした諸要素を組み合わせた手法で活動してきたが、高レベルの「情報技術（ＩＴ）」を背景に編みだした新たなドクトリンを、ロシアの軍事指導者たちは「ハイブリッド戦略」と呼んだ。

それはハードな軍事力と偽情報やサイバー攻撃などソフトな準軍事的手段を組みあわせる手法だが、ハードは威嚇にとどめ、ソフトで目的を達成するのが望ましいとされる。

二〇一四年のクリミア併合は、このドクトリンの模範例とされている。すなわちサイバー攻撃などでウクライナの通信機能を麻痺させ、外部から情報が入らない状況を一時的に作りだし、軍や住民は何が起きているかわからない。その間に偽装したロシアの特殊部隊を潜入させ、親ロシア派勢力が住民投票を仕組んでロシアへの併合を実現した。

一人の血も流さず、一か月もかけずに隣国の領土を奪いとった早業に、世界は啞然として傍観するほかなかった。それでも危機感を覚えたＮＡＴＯとＥＵは、二〇一七年に「ハイブリッド脅威対策センター」を創設し、屈辱と反省の思いから対抗策と取り組むウクライナを支援した。

一方、クリミアの成功に自信を深めたロシアは、二〇二二年のウクライナ侵攻も、ゲラシモフ参謀総長が「二一世紀の典型的スタイルとなりうる」と推奨するハイブリッド戦略を再演する。

ソフト面を担当したのはKGBの後身でプーチンの古巣でもある連邦保安庁（FSB）第五局で、二一年七月に二〇〇人規模のウクライナを専担する第九部を新設し、参謀本部情報総局（GRU）と連係してシナリオ作りに着手した。

ハッキングで入手した保険会社の顧客リストを利用して、カイライ政権に登用する親露派と、殺害ないし拘束する重要人物を選別し、潜入する工作員にテロをふくむ行動任務を割りあてた。

予行演習を兼ねたサイバー攻撃も、頻繁に仕かけている。侵攻直前の一月一三〜一四日には七〇か所以上のウクライナ政府機関がウェブサイトを乗っとられた。二月一五日には銀行が攻撃され、ATM停止などの被害を出す。侵攻当日にはサイバー部隊による広範囲な攻撃をかけ、衛星通信やGPSに対する妨害で数万のウ側通信機器がダウンし、ドイツなど欧米諸国にも被害が及んだ。

軍事侵攻を正当化する偽情報や偽動画を捏造し公開する「偽旗作戦」も実行された。

二月一五日にはプーチンが「ドンバスでウ軍による集団殺害（ジェノサイド）が起きた」と語る。一七日にはウ軍が朝の二時間だけで東部の親露派領域へ一六〇回の砲撃を加えた、とタス通信が報じた。

いずれもウクライナ側の巧みなサイバー防衛で不発に終る例が多かったが、圧勝を想定していたロシア側の期待は裏切られた。責任を問われたFSB第五局長は拘禁され、部下職員一五〇人が解雇された。第五局はサイバー戦ばかりでなく、失敗に終った初期作戦全体のシナリオ作りに、主導的役割を果した責任をとらされたのだともいう。

情報戦も矛（攻撃）と盾（防御）がせめぎあう世界である。クリミアの教訓を痛切に受けとめたウクライナは、まずハイブリッド戦略に対抗する盾の構築に注力した。だが独力ではロシアとの格差を埋めるのは困難だったので、アメリカを筆頭に欧米先進国の人的、物的支援を仰いだ。

なかでもアメリカは攻と防の両面にわたりロシアを凌ぐ高度のIT情報技術を開発し、対テロ戦をふくむ豊富な実戦体験を重ねてきた。組織的にもCIA、FBI、国防総省の国家地理空間情報局（NGA）、三軍の情報部の他に兵力六〇〇〇のサイバー軍を新設した。

司令官で通信傍受と解読を担当する国家安全保障局（ＮＳＡ）の長官を兼ねるポール・ナカソネ大将（日系三世）は、六月に大学の講演で「ウクライナを支援するため、二一年夏から全領域で一連のサイバー作戦を実行した」と述べた。

サイバー空間におけるアメリカの「参戦」を公然と認めたものと受けとられ、ロシア国防省筋は直ちに「国際法違反だ」とかみついている。

そもそも米政府はＮＡＴＯの非加盟国であるウクライナとロシアの戦争に直接介入はしない方針を堅持し公言もしていたので、支援の範囲は自制せざるをえない。それを補足する情報戦略として採用したのが、前例のない過剰なほどの情報公開（オシント）だった。著者はその特異性に着目して、ウクライナ戦争を「丸見え戦争」と呼ぶことにしている。

ロシア軍を丸見えにした立役者は、数センチ幅の解像力を持つ偵察衛星の画像で、国境線すれすれに飛ぶ早期警戒機（ＡＷＡＣＳ）などの有人偵察機も加わった。

本来だと秘かに敵方の「手のうちを事前に知って叩く」のが戦勝の秘訣なのだが、第一章で紹介したように、米英の情報機関は国境に展開している十数万のロシア軍の動静を適確につかみ、侵攻の予定日まで公開した。民間の研究者たちまで、画像分析に加わっている。それでもプーチン大統領は動じなかったが、バイデン米大統領が侵攻の発動日を二月一六日と予告すると、さすがに八日ほど延期した。ところが早目に到来した泥将軍（ラスプティツァ）のトラップにひっかかり、既述したように首都キーウ急襲の好機を逸してしまう。大いなる誤算ではあったが、戦争の抑止が本来の目的だったとすると、プーチンの暴発はバイデンにとっても想定外の誤算だったことになる。

ともあれ開戦が既定の段階に入ると、偽旗作戦（フェイク情報）、ハッキング、通信インフラの破壊などあらゆる手法を駆使してロシアとウクライナは熾烈な情報戦の攻防を展開した。

時に洩れてくる断片的情報を除き、詳細は秘匿されているが、例外は広く伝播するのを目的とした広義の偽旗作戦である。多くはすぐに底が割れ、無害無益のままかすんでしまう。たとえば七月に「ゼレンスキー大統領が重体で、集中治療室に入った」というフェイクニュースがウクライナのラジオ局から流れたが、本人がすぐに健在な姿を記者会見で見せたため、霧消してしまった。ついでに当のラジオ局が一時的に乗っとられての産物だったことが判明する。

その後もロシアは、ザポリージャ原発への攻撃や、クリミア大橋の爆破、クレムリンを狙ったドローン攻撃などウクライナとの間で、相互に「自作自演か」とやりあう場面を演出している。最近ではプーチンが何度も戦術核の使用をほのめかす合い間に、ショイグ国防相が各国の国防相へウクライナが「汚い爆弾」（放射能物質）を準備中という見えすいた偽旗をかかげ、IAEAが原発の査察に向かう喜劇めいた騒ぎを起こした。もはや、情報戦の勝利をあきらめたロシアは、報道管制下で、戦況の実態を知らされていないロシア国民に向けての「自画自讃」手法に切り替えたのかもしれない。

当初は押され気味に見えなくもなかったウ政府は、三一歳のミハイロ・フェドロフ副首相兼デジタル改革相を先頭に、画期的な挑戦に乗りだす。開戦から三日後にはIT軍を結成した。そして加入者を募り、五日後には世界中から二五万人の「サイバー義勇兵」が登録し、既成のハッカー集団も加わり、ロシアの官民組織へのサイバー攻撃で混乱をひきおこす成果をあげた。

義勇兵の参入は、それだけではなかった。ウクライナの応援団を興奮させる「デジタル物語」が生れている。開戦から二日後の二月二六日、デジタル改革省で「毎日二四時間態勢の作業」に追われていたフェドロフは、NATOでも国連でもなく、米国の宇宙関連企業「スペースX社」を主宰する大富豪のイーロン・マスクを選び、ツイッターで次のような文面を送った。

あなたが火星への入植に挑戦している間に、ロシアはウクライナを支配しようとしている。あなたのロケットは宇宙から生還したが、ロシアのロケットはウクライナ市民に襲いかかった。あなたが運営する衛星ネットサービスのスターリンクのサービスを提供してほしい（ウ政府公報から）。

すると一〇時間後にマスクから「直ちに無償で提供する」との返信が届き、さらに大量の端末（専用の携帯用アンテナ）も届き、一〇月までに二万五〇〇〇台に達した。

ロシア軍はウ側のインターネットの基地局を狙い撃ちで破壊していた。だがいつでもどこからでもスターリンク用のアンテナを操作して、直接に衛星と通信できる「救世主」的な基幹インフラが、その苦境を救った。

防衛面で優位に立ったウクライナは攻撃面、とくにドローンを駆使して戦場情報を機敏に拾いあげ、攻撃面に活用したが、スターリンクを利用して標的を特定するばかりでなく、攻撃の手法を提案する「ＡＩプラットフォーム」（米パランティア社製＝アレックス・カープCEO）の導入で、AIに助言役を依存する域に達した。

総合して二三年春の時点での情報戦は、国際世論やロシアの内部事情も考慮すれば、依然としてウクライナが優位に立っていると言えよう。

おそらく情報戦の最大の立役者は、世界各国のイベントにオンラインで語りかけ同情と好感を集めているコメディアン出身のゼレンスキー大統領だろう。対照的に甘んじて悪役を演じ切っているプーチンの評価は、舞台がはねるまでは定まらぬかもしれない。

兵器と技術（上）——戦車と重砲

ウクライナ戦争では質量ともに圧倒的優位に立つロシア軍が、短期間の攻勢でウクライナ軍を再起困難なまでに撃破するだろうと、軍事専門家たちの大勢が予想していた。量的には第二章の**表3**（七八ページ）が示すように、陸戦の王者とされる戦車で約五倍、女王とされる重砲でも約五倍、航空機に至っては約一三倍という格差があった。

質的にもソ連時代の旧式兵器が主体なので、ウクライナ軍が対等ないしそれ以上の善戦ぶりを見せたのは、アメリカやNATO諸国のハードとソフトの両面にわたる支援なしにはありえなかったと言えよう。

そのかわりウ軍の戦闘を専守防衛、失地回復の範囲に抑えるため、供与する兵器の種類、用法に制約を課した。戦車、戦闘機、爆撃機のように攻撃性の強いものは供与せず、高機動ロケット砲システムのハイマースは供与するが、300キロの射程を80キロに制限する砲弾しか供給していない。

ウクライナ側も戦闘を不必要にエスカレートさせないという主旨を守り、本来のロシア領に対する進撃や砲爆撃は差し控えてきた。

ロシア側も「特別軍事作戦」のレベルをエスカレートすることにはかなり慎重だった。西側が供与した大量の各種兵器や防弾チョッキ、ヘルメットに至る装備や民生物資は、ポーランドからウクライナ西部（リビウ）へ主として鉄道で送りこむのを、本格的に妨害するのは自制した。

だが戦争が長引くにつれ、消耗を重ねる兵器・弾薬の補充で、新たな様相が見えてきた。ロシアは西側の経済封鎖で半導体など部品の供給が細り、予備の旧式戦車を引きだしたり、精密誘導ミサイルを節約して無誘導のミサイルで間にあわせたり、北朝鮮やイランからの供与に頼るなど、苦境に立たされる。

アメリカは備蓄していた次等兵器の在庫一掃か、と皮肉られたり、新規増産をためらう軍需企業と交渉を重ねる余裕を見せている。代理戦争とそしられても、供与された兵器の範囲内で戦うしかないウクライナも気は軽い。

プーチン大統領は九月三〇日のテレビ演説で「ロシアにとって戦争の主敵はウクライナではなく、同国を支持する米国・西側連合などの〝悪魔崇拝者〟である」とののしった。八つ当りとしか言いようがないが、見下していたウクライナに連敗を重ねている言い訳にすぎないのか、打開策を秘めての布石なのか、見極めはつかない。

ところでウクライナ戦争に登場した各種兵器は数多いが、初めて登場した画期的な新兵器は見当らない。ここでは戦場報道の花形となり人気を集め、「ゲームチェンジャー候補」とされた五種の兵器を選び、その活躍ぶりと関連情報を紹介したい。

一　ジャベリン（Javelin）携帯用対戦車誘導ミサイル

米軍がベトナム戦争時に開発しイラクやアフガンでも使われた。歩兵が肩に担いで発射する。第二次大戦で活躍したバズーカが、戦車の前面300メートルまで相討ち覚悟で接近して発射する必要があったのに対し、ジャベリンは発射前に標的をロックオンすれば赤外線誘導で2000メートル離れた目標まで四秒で到達、その間に射手は待避可能（ヒット・アンド・アウェイ）という利点がある。

ミサイルは目標直前で上昇して戦車の弱点である砲塔上部を垂直に貫徹する（トップ・アタック・モード）。吹き飛んだ砲塔の姿から「びっくり箱」攻撃と呼ばれている。また「ボウリングのピンを倒す」に似た高い命中率（93〜94％）を示すとされる。米国が供与したのは八五〇〇発、数量は不明（四〇〇〇発とも一万発とも推測）だが英国も少なくとも三六〇〇発のNLAWを供与している。

主標的となったロシア軍の戦車は開戦時の保有が三四一七両、T-72が主力で、新型のT-80、T-90も投入された。損失の内訳を見ると、T-72が九四三、T-80が三八三、T-90が四〇両というデータがある。ウクライナ軍もT-64を主にT-72やT-80も保有していたが、数が少なかったこともあり、戦車同士の対戦は避け、ジャベリンの待ち伏せ攻撃で対抗した。

一〇月一二日にウ国防省は撃破したロシア軍戦車を二五六〇両、二三年四月一二日には三六四六両と発表するが、どちらも過大にすぎる。英国防省が一六七三両、うち五四六両はウ軍の捕獲（一部はウ軍が再利用）と算定しているのが妥当かと思われる。

いずれにせよ、ジャベリンに叩かれ戦意を失ったロシアの戦車兵が戦車を捨てて離脱する情景が画像で流され、アナリストのなかから「戦車の時代は去った」と評す声も出た。

◆コラム◆戦車の時代は去ったのか?

ウクライナ戦争の成り行きを注視した欧米の軍事専門家たちは、ロシア軍戦車隊が早々に戦局の主導権を握り、ウクライナ陸軍を撃破するだろうと見通していたが、予想は外れた。

初期のキーウ攻防戦では偵察用ドローンで位置を確認したのち、ジャベリンに代表される携帯式対戦車ミサイルのトップアタック攻撃で砲塔上部を貫通され炎上する戦車が続出したからである。

攻撃を予知した戦車兵が戦車を捨て逃げ出す現象も報告された。四月から主戦場が東部ドンバス北区に移ると、平坦な地形のため第二次大戦中に独ソ両軍の戦車集団が激突したクルスク会戦に似た露ウ両軍の戦車隊による決戦場面を期待する声が高まったが、やはり予想は外れた。数的にも質的にも劣勢が明らかなウ軍戦車隊が、出撃を避けたからである。

「聖ジャベリン」に代って登場したのが、偵察用ドローンと組んだ多連装ロケット砲のハイマースなどの野戦重砲だった。機動性を発揮しつつロシア軍の戦車・装甲車の隊列を狙った正確な砲撃が成功した。七月までに二千両、年末までには三千両のロシア軍戦車を撃破したとウ軍は算定している。

この数字は割引きしてみても、ロシア軍戦車が連戦連敗した姿を示唆している。大規模な敗北例としては、既述のイバンキウ（二月）、ブロバルイ（三月）、ビロホリフカ（五月）、イジューム（九月）などが挙げられる。

しかも専門家たちが予期していた戦車隊同士の決戦場面は、中小規模であってもいまだに実現していない。わずかにルガンスク州で各一両のT-64（ウ軍）とT-72（露軍）が白昼に450メートルを距てた直線道路上で対決し、T-64が一撃でT-72を炎上させた動画を見かけたぐらいだ。一二月一二日に、ドローンで撮影した珍しいシーンだとウ国防省は強調しているが、その前日にはウ軍が二四両の露軍戦車を撃破したと発表している。

断片的な情報だが、一〇月二八日にはハイマースが四四両、一一月二日にはジャベリンが三〇両を撃破したとも報じられているから、どうやらロシア軍戦車はいまだにジャベリンやハイマースの前に出ると「負け犬」の境地から立ち直れないでいるようだ。軍事専門家のなかからも「戦車の時代は去ったのか」と疑問の声が出たのもやむをえまい。

ロシアがウクライナの戦場に投入したのはT-72を主力にT-80、T-90Mの三種である。対するウ軍はT-64改を主力に、T-72とT-80から構成されている。だが露軍最新型のT-14「アルマータ」の登場を懸念するウ軍は、早くから米の「エイブラムス」、英の「チャレンジャー」、独の「レオパルト」の大量供与を切望してきたが、開戦から一一か月を経た一月にやっと実現の運びとなった。

戦車の時代は去ったのか、という疑念を晴らす機会が来るのだろうか。

二　スティンガー（Stinger）携帯式地対空ミサイル

一九七〇年代に米国で開発され、アフガン戦争で米が供与したスティンガーを操るゲリラ兵によってソ連軍の飛行機やヘリが撃墜された悪夢が、三十数年後にウクライナ上空でよみがえったことになる。初動段階のキーウ上空でロシア空軍機とミサイルを迎撃したウクライナ防空陣は、高空を飛来した標的にはソ連製のS-300で、低空を旋回する戦闘爆撃機やヘリはスティンガーなどで迎撃して高い命中精度を誇り、制空権を渡さなかった。二二年夏には、米ホワイトハウスの防空に当っている中高度地対空ミサイルシステムのＮＡＳＡＭＳの供与が公表された。

三　ハイマース（ＨＩＭＡＲＳ）高機動ロケット砲システム

三月に主戦場が平坦地の東部ドンバスに移ることが明らかになっていらい、大口径砲の登場を予期したウクライナは、米国に対しハイマースと１５５ミリ榴弾砲の供与を懇請し、ほぼ同時に両者が前線に登場した。六月二三日にウ国防省はハイマースを受領し、二日後には最初の命中戦果を発表する。

ロシア側も大砲撃戦で勝機をつかもうとしていた時だけに、ハイマースによる反撃を気にしていたのか、七月五日から二〇日までの二週間で四基を破壊したと誇示した。

だが本来は３００キロの射程を80キロに抑えられたウ軍は、それなりの用法を考案する。戦場正面ではなく、やや後方のロシア軍弾薬庫や燃料集積場に標的を絞る。トラックと射撃管制車をたえず移動してミサイルや自爆ドローンの攻撃を避けながら、誤差が「80キロ先の食卓を標的にできる」とされる高い命中率で戦果を重ねた。

二三年一月一日ウクライナ国防省は激戦地ドネツク市郊外のロシア軍兵舎をハイマースで砲撃、六発で四〇〇人死亡（ロシアは八九人と発表）、三〇〇人負傷という戦果をあげたと公表している。

南部のヘルソン州にも配備され、ゼレンスキー大統領は「ハイマースの登場で戦局は大きく変った」と語り、ミリー米統参議長は、九月八日までに、「一六基のハイマースで四〇〇以上の標的を破壊した」と自讃している。ちなみに二二年末までの供与数は三八門に達した。二三年一月、米はウ軍の要請に応じ、150キロまで届く砲弾の供与に踏み切り、ロシア軍の占領地全域をほぼカバーすることが可能となったが、ロシア軍の電波妨害で威力が低下しつつあるとも言われる。

四　155ミリ軽量野戦榴弾砲（M777）

ニューズウィーク誌が「ゲームチェンジャーになりうる」と予告した新型の米国製榴弾砲。当初は一二六門だったが、好評なので一〇月に二六門を追加した。野戦重砲の女王と讃えられたが、射程がやや短い（24キロ）のと砲弾の補給が追いつかなかったとの声も出ている。

米が供与した第一陣はタイムス紙が五月九日と報じたが一三日にドネツ川を渡河中のロシア軍戦闘車両七〇両を撃破したのは、到着したばかりのM777だったとウ国防省は発表した。

この重砲の最大の利点は、ロシアやウクライナ、NATOなどが装備する在来型の榴弾砲が重量7トン台で鈍重さを免れないのに対し、4トンと軽量のため、中型ヘリに吊して発射地点を移りまわれる軽便性にあった。発射する榴弾の「エクスカリバー」は、GPS誘導により、3キロ離れた目標に誤差数十センチで着弾するというミサイル並みの精密砲撃が可能とされた。

しかし砲撃戦は質もさることながら、量が決定的要素となる。ドンバスの攻防戦が白熱化した六月の段階で、同型のソ連製152ミリ榴弾砲を運用するウクライナ軍が、二五六門で一日当り五〜六〇〇〇発を撃ったのに対し、ロシア軍の砲兵はその一〇倍を撃ち返していると報告したウ大統領府は、榴弾砲一〇〇〇門、多連装ロケット三〇〇門と砲弾の支援が必要だとした。

いかに高性能とはいえ、一六門のハイマースと一四二門のM777では、砲弾をふくめ量の不足は否定しようもなかった。しかしロシア側の損耗も大きく、七月以後は息切れしてしまい、この方面の戦場は膠着状況に移行した。いわば痛み分けと評せよう。

兵器と技術（下）――ミサイルと無人機

五　ミサイルとドローン（無人機　UAV）

ウクライナの空を乱舞した露ウ両軍のミサイル（巡航・弾道）とドローンの正確な発射数と撃墜数は確然としない。

二〇二二年五月二日、米国防総省は、ロシア軍の発射したミサイル数を毎日のようにカウントしてきたが、今後は中止すると発表した。理由は説明されなかったが、最後のカウント数は二一二五発としている（注）。

（注）その後の数値はデータ不足で推計しにくいが、手がかりとして、半年間に三〇〇〇発以上、年末までに四七〇〇発、九か月間に一万六〇〇〇発以上（ウのレズニコフ国防相言明）という情報もある。こうした数字にドローンの一部が混入しているのかもしれない。

撃墜数はさらに判りにくく、二三年三月一日のウ国防省発表は、戦果として、巡航ミ

表6　ウクライナ戦争に登場したミサイルとドローン

Ⅰミサイル（巡航・弾道）					
名称	用途	供与関係×数	時速（マッハ）	射程（km）	価格（1万USドル）
ジャベリン	対戦車	米→ウ×8500		2.5	2
NLAW	対戦車	英→ウ×5000	2.2	0.8	2
トマホーク	地対地	米→ウ	0.8	1600	140
ネプチューン	地対艦	ウ	0.8	280	
イスカンデル	地対地	露×900		400	100
キンジャール	空対地	露	10	2000	700
カリブル	空対地	露×500	0.8	1700	100
ストームシャドウ	空対地	英→ウ		250	
パトリオット（PAC2）	地対空	米→ウ	5	150	340
S-300	地対空	ウ×250		90	14
NASAMS	地対空	米→ウ×8		25	100
スティンガー	地対空	米→ウ×1600	2.2	5～8	3.8
IRIS-T	地対空	独→ウ×12		40	50
スターストリーク	地対空	英→ウ	4	7	

Ⅱドローン					
オルラン10	偵察型	露国産×1000	0.2	150（18h）	
バイラクタルTB2	攻撃型	トルコ→ウ×44	0.18	300（27h）	200
モハジェル6	攻撃型	イラン→露	0.2	2000（12h）	
スイッチブレード300	自爆型	米→ウ×700	0.15	40（0.5h）	0.7
フェニクス・ゴースト	自爆型	米→ウ×1800		（6h）	0.6
シャヘド136	自爆型	イラン→露×2400	0.15	1000	2～5
Tu-141	偵察型	露・ウ	0.9	1000	

サイル八七三発、ドローン二〇五八発の数字を挙げているが、公表時に使われる「迎撃」(intercept)が撃墜と同義なのか、あいまいさが捨てきれない。開戦時にロシアが保有していたミサイル数は一八四四発と発表したレズニコフは、一〇月一二日現在の残留数は六〇〇発で、在庫切れが遠くなさそうだと示唆していた。

ひるがえってウクライナ側には巡航型、弾道型のミサイルにはほぼ出番がなく、迎撃用の地対空ミサイルや偵察用、攻撃用ドローンが主な対抗兵器となった。戦争の前半はトルコから取得したバイラクタルTB2がロシア軍の戦車、装甲車両、指揮所などを次々に爆砕する華々しい活躍で人気を博したが、ロシアの対抗策で色あせていく。

代って注目を集めたのはロシアが一〇月一〇日からキーウを筆頭にウクライナ各地の電力インフラ施設などへの「戦略爆撃」に使ったイラン製自爆型ドローンの「シャヘド136」で、冬を控えたウクライナに深刻な被害をもたらす。

ドローン(無人機)は、ベトナム戦争やアフガニスタン戦いらい使用され新兵器とは呼べないが、ウクライナ戦争では彼我ともに偵察用、攻撃用(自爆型をふくむ)を大量に投入しあう姿は、史上初と呼んでも過言ではあるまい。

なかでも首都上空へ奇怪な三角形の姿形を見せながら低空で飛来する「神風ドロー

ン」（シャヘド）の群れを、警察官たちや領土防衛隊の召集兵を動員した「ドローンキラー」（機動式ドローン迎撃車）が機関銃やライフル銃で撃ちかけ、墜落させる光景は異様な迫力を与えた。騒音が大きく、低空を低速で飛んでくるので、対処しやすいのが救いだった。ロシア側も対策を講じ、夜間に分散目標を狙うようにしたが、ウ側はサーチライトと組んだ「ナイトハンター」のチームを出動させている。

「ドローン・キラー」の英雄も登場した。ベテランのミグ-29パイロットのヴァディム・ヴォロシロフ少佐（28歳）は、一〇月一一日に巡航ミサイル二基を撃墜した翌日夜に、今度はシャヘド136を一挙に五基撃墜した。しかしドローンの破片で重傷を負い、燃える愛機から脱出してパラシュート降下中に、血だらけの顔面を自撮りした映像が出まわり、ゼレンスキー大統領から「ウクライナの英雄」として表彰された。前線に復帰した少佐は「ウクライナだけでなく文明世界を守る」というコメントで人気を高めた。

ともあれ従来型の弾道・巡航ミサイルの在庫払底に悩み始めていたロシアにとっては、救いの神だったのかもしれない。ゼレンスキー大統領は一〇月だけで四〇〇発以上を「迎撃」（撃墜）し、撃墜率は60～70％と発表し、西側諸国に最新の地対空防空システムを急いで供与してほしいと呼びかけた。

それに応じて米国は新型のナサムス（NASAMS）、ドイツはIRIS-Tの供与を開始する。一一月一五日には新たに供与された地対空ミサイルの加入で、来襲したミサイル九六基のうち七七基を撃墜する「大戦果」をあげた。一二月にはためらっていた米軍が射程の長いパトリオット（PAC2）の供与を決定し、ロシアは不快感を表明した。

◆コラム◆あるドローン情報小隊の活動

ドローンの魅力は市場からの調達が容易で、価格もミサイルの数百分の一、市販の小型偵察用だと二〇〇ドル以下と安価なので、地上戦は膠着しても、上空では彼我の使い切りドローンの群れが「風の谷のナウシカ」さながらに飛びかい、落ちていく局面が出現しつつある。その現場風景の一端を五月にハリコフ戦線での、あるドローン小隊（五人〜一〇人）に随伴した宮嶋茂樹（報道カメラマン）の『ウクライナ戦記』（文藝春秋、二〇二二年八月刊）の一部から要約の形で紹介したい。

小隊は中国製の偵察型ドローン三基以上で索敵—射撃誘導—着弾観測を担うのが任務。全員が装甲車数台とニッサンのRV車に乗り最前線にたどりつく。森の隙間の木々を仰ぐ塹壕にもぐりこむ。小隊長の「テイクオフ」の号令でドローンを発進させ、上空へ昇ったあとは衛星（スターリンク）経由でドローンが撮影した画像を司令部へ送り解析してもらう。

手元のモニターを見ながら索敵をつづけ、目標を発見すると、司令部が戦車、砲兵、歩兵などのなかから最適の標的を択ぶ。着弾観測にさいしては「もっと左に、ちょい右に」などと指示、命中か否か効果を判定。

先方も同じように衛星やドローンを使ってこちらを探している。敵の妨害電波を察知すると、すぐに塹壕に身を隠す。その間も敵味方双方の砲弾が絶えず頭上を飛びかい、爆発の衝撃で壕の天井から土が崩れおちる。震えながら直撃弾が来ないよう祈るしかない。

八時間後に宿舎へ無事に帰りついたが、この日だけで、所属大隊は砲撃と地雷で二名が戦死、四名が負傷した。小隊は四週間で一五基ものドローンを失っている。

だがミサイルの一〇〇分の一とされる安価なドローンの大群（スウォーム）を高価な迎撃ミサイルで撃ち落とすのは、費用対効果がひき合わない。そこでドローンを撃ち落とす迎撃ドローンの開発が次の課題となってくる。

台湾侵攻にさいし、ネプチューン型の地対艦ミサイルで迎撃され撃破されるシーンを想像した中国共産党幹部は蒼ざめたというが、近傍を遊弋する米艦隊にも似たようなリスクが予見される。

二〇一二年に米海軍大学は、八基のドローンが艦隊防空のイージス艦を襲撃するシミュレーションで、三・八二基の生き残りが突入に成功したという研究成果を出している。上空からの「スウォーム」に水上、水中ドローンまで加われば防ぎようがない。

そこで発想を変えてのドローン対策として、米技術陣が開発に取りくんでいるのは、「指向性エネルギー兵器」である。高出力レーザーと高出力マイクロ波の二種があり、相手は回避不能、ドローンの飽和攻撃にも対処可能とされるが、攻撃側とのシーソーゲームはつづく。

マッハ（音速）5以上の極超音速ミサイルが実用化されると、迎撃ミサイルで仕とめるのは至難となるが、それを突破する技術の高度化も進むはずである。

しかしミサイルもドローンも所詮は局地的破壊兵器にとどまり、戦争の大勢を決する役割は果せそうもない。ウクライナがその役割を期待した「ゲームチェンジャー」候補は、いずれも欧米からの供与兵器である「ジャベリン」→「155ミリ榴弾砲」→「ハイマース」と移り替ったが、いずれも候補のままで終わった。次の大反攻作戦のためウクライナが期待をつないでいるのは、米軍の最新型戦車「エイブラムス」やEU諸国の「レオパルト2」だが、供与は決まったものの、T-90やT-14との決戦場面を見られるかどうかは予測しがたい。

ウクライナ援助の波

国際法の原則をあからさまに無視して、一方的に発動されたロシアのウクライナ侵攻に対し、二〇二二年二月二五日に国連の安全保障理事会は、ウクライナの主権侵害を非難し、ロシア軍の撤退を要請する決議案を採決にかけたが、ロシアが拒否権を行使して否決された。

ついで三月二日の国連緊急総会に提案された同主旨の決議は賛成多数で採択された。内訳を見ると賛成一四一、反対五（ロシア、ベラルーシ、北朝鮮、シリア、エリトリア）、棄権三五（中国、インド、中央アフリカ、ベトナムなど）、欠席一二で、ロシアによるウクライナ四州の併合を非難する一〇月一二日の国連総会決議でも、分布はほとんど変わらない。

いずれもロシアの行動を封じる効果はなく、国連が機能不全に陥った事実を露呈したと評せざるをえない。

米国を筆頭とするEUなど欧米諸国の対抗手段は、ロシアに対する経済的制裁の強化と、果敢な抵抗をつづけているウクライナへ財政・人道・軍事の三分野にわたる広汎な支援を供与するしかなかった。国連も参画した避難民救済や、ロシア軍による住民迫害を戦争犯罪として国際司法裁判所に訴追する副次的手段も実行している。

そこでウクライナ戦争に関連して起きた援助、制裁、戦犯、避難民の順序でこうした関連課題の概況を整理しておきたい。

まずは兵器供与を中心とする軍事的支援の概要だが、すでに二〇一四年のドンバス戦争の時期から始まっていた。とくに米国はウクライナ軍の近代化を促進するため、八年間に人的訓練や兵器供与などロシアの侵攻前に六四億ドル以上を注入していた。たとえばキーウ防衛戦で貢献した携行型対戦車ミサイルのジャベリンは、すでに二〇一八年三月に二七〇〇基が供与されている。

また、ロシアに隣接するバルト三国（エストニア、ラトビア、リトアニア）やチェコ、ポーランドは危機感が強かったのか、小国ながら対GDP比では米国やEUを上回る高い比率の援助を供与し、数は非公表ながら、開戦直前にジャベリンやスティンガーも渡していた。

三月から四月にかけて援助の動きは高揚した。メディアが好んで話題にしてきたのは兵器供与を軸とする軍事支援だが、政府レベルの財政支援や民間人向けの人道支援も決して少なくない。意外なのは財政支援の総額が軍事支援を上まわっていることで、戦費負担が増大したウクライナ国家予算の六割を賄ったとされている。その六割近くはEUで、総額三五〇億ユーロのうち一八〇億ユーロは一一月に合意したが、実行は二〇二三年と予定している。

それまではどの分野も圧倒的に米国がリードしていて、とくに軍事支援では一貫して全体（四一六億ユーロ）のうち五割以上を負担してきた。米国は早くも侵攻翌日の二月二五日に三・五億ドルの武器供与を約束、三月一二日にはジャベリン（二二〇基）とスティンガー（六〇〇基）をふくむ二億ドルの追加援助を公表した。

その後も戦況を注視しながら必要と思われる兵器を次々に投入する。第二次世界大戦中に「民主主義の兵器廠」と自認して大量の兵器を連合軍に供与した「レンドリース法」(武器貸与法)を五月に復活させ法的裏付けを固め、手続の簡素化をはかっている。最近では二〇二三年二月二〇日にキーウを訪問したバイデン大統領が新たに五・一億ドルの軍事援助を約束した。

米国型援助の特徴は供与品目の範囲がミサイルからライフル銃、ヘルメットや発電機に至るまで広いこと、供与兵器の名称、型式、数量をそのつど公開していることである。小国が供与する兵器の整備や輸送まで手伝っているが、ロシアを過度に刺激するのを避けるための配慮は忘れていない。

攻撃的兵器と見なされる航空機、戦車などは供与を保留し、途中から供与に踏み切った榴弾砲やロケット砲(ハイマース)には、砲弾の射程を制限するなどきめこまかい配慮を怠らなかった(注)。

(注) ウクライナ政府が、早い時期から要望した軍用兵器の数量と年末までの達成度を比較すると、戦車五〇〇両に対しゼロ、多連装ロケット砲三〇〇門に対し三八門、155ミリ榴弾砲一〇〇〇門に対し一六二門にとどまった。

軍事支援額の順位で第二位の英国、第三位のドイツなどの西欧諸国やポーランド(第五位)、チェコのような東欧諸国は米国のように明快な対応に徹しきれぬ国内的事情をかかえていた。「紛争地に殺傷兵器を送らない」のを原則としてきたドイツは、ロシアからバルト海の海底を通る天然ガスのパイプを経て、総エネルギーの40％をロシアに依存していたので、当初は腰が重く、ヘルメット五〇〇〇個しか出していないので「次は枕をよこすつもりか」とキーウ市長にからかわれたりした。それでも周辺国の顔色を見ながら、防御兵器の供与を始め他方では天然ガスの供給ルートを米国などに切り替えたり、停止していた原発や火力発電所を再稼働させるなど苦渋の対策に追われる。

ロシア軍と苦闘しているウクライナが欲しがったのは、「NATO軍が保有している飛行機と戦車の1％分」(ゼレンスキー大統領)だった。とくに戦車では米軍の「エイブラムス」、英軍の「チャレンジャー」、ドイツ軍の「レオパルト」が有力候補だったが、たびたび話題にはなっても、二〇二三年一月まで具体化しなかった。

東欧諸国の多くはウクライナ軍が装備しているミグ-29戦闘機やT-72戦車を提供しようとする動きはあったが、いずれも国内の賛否両論で難航する。実現したのは戦車ではポーランド(T-72の二六〇両)、チェコ(同35両)、ミグ-29はスロバキアの一一機だけで、無難な人道援助や財政援助に傾斜した。なかでも隣接するポーランドは数百万人の避難民を受け入れ、欧米から運ばれてくる支援物資の集積基地となり、ウクライナへの移送にも大きく貢献した。

軍事支援額では米国に次ぐ英国が果たしている役割は、やや明確さを欠く。一貫して支援の姿勢は変わらず、メディアの報道や分析は米国よりも盛んなくらいだが、なぜか援助兵器の詳細を公開しない例が多く、その理由も不明である。たとえばジャベリンと並ぶ携行型対戦車ミサイルのNLAWを早くから供与しているが、数量は公開されず、五〇〇〇基とも一万基ともいわれる推測値を否定も肯定もしていない。

フランスも同様だが、マクロン大統領はプーチンやゼレンスキーとの交流を絶やしていないところから、何らかの政治的思惑が働いているとも見られよう（注）。

（注） ウクライナへの軍事援助の兵器別、国別の内訳をドイツのキール研究所が集計（二〇二三年二月）している。数量は国によって非公表とされている例があるが、供与（需要）の多かった兵器と数量を抜き出して次に掲記したい。

155ミリ榴弾砲　五二五門以上

多連装ロケット砲　一一一門

対戦車攻撃兵器（ジャベリン、NLAW、M72LAWなど）　四万八五〇〇発以上
地対空攻撃兵器（スティンガー、ナサムス、IRIS-T、ストレラ等）　六七二〇発以上
無人機　四八〇〇基以上
ヘルメット　二五万個以上
発電機　一三万六〇〇〇基以上

日本も総額で十数位ながら最初からウクライナ支援の立場を表明し、ロシアから非友好国と名ざしされた。スイス、オーストリアなどと並んで軍事支援はゼロだが、早い段階でヘルメット、防弾チョッキ、ガスマスク、テント、医薬品、緊急食（レーション）、地雷探知機などは人道支援と解釈しての供与だろうか。

目につくのは、四月という早い段階で供与した仏パロット社製のドローン（ANAFI1）三〇基である。陸上自衛隊が災害出動用に備蓄しているものから提供したかと思われる。ちなみにウクライナ上空を飛びまわっている偵察用ドローンの多くは、中国DJI社製の民生用ドローンだという。

◆コラム◆使い捨てカイロを支援

二〇二二年四月二五日、ウクライナ政府はそれまでに支援（軍事、財政、人道の三種）を実施した三〇か国に対する感謝の辞を動画で公開したが、日本が入っていなかったことに対し、自民党議員から苦情が出た。

ウクライナの駐日大使館は、軍事援助だけに限定したので、軍事援助ゼロの日本が漏れてしまったが、あらためて人道支援（主として避難民向け）や財政支援（主として政府借款）の供与に感謝していると伝え、さらに日本、韓国など七か国を追加する感謝のメッセージを発表した。

このときの世界総支援額は八五〇億ドル（うち軍事支援は三一〇億ドル）で、首位の米国は全体の55％を占め、日本は第七位の六億ドルだった。キール研究所の算定によると、二〇二三年一月一五日現在の総支援額は一五〇〇億ドル、うち首位の米国は七八一億ドル、二位のＥＵは五五〇億ドル、三位の英国は八九億ドル、四位のドイツが六六億ドルで、以下はカナダ、ポーランド、フランス、オランダとつづき、日本はイタリアと並んで第一一位の一一億ドルで日本の熱意が不足しているとの声も出たが、二三年三月、岸田首相がキーウを訪問して追加援助を伝えたため累計額は七六億ドルに増加し、第五位に躍進している。

秋に入ってウクライナの発電所など民生インフラに対するロシアの攻撃が激化し、冬期の厳寒をどう乗り切るか、世界中に憂慮が広がる。日本政府も無視できず一一月下旬、越冬支援として発電機（三〇〇台、のち一五〇〇台へ）、ソーラー・ランタンなど二五七万ドルの支出を表明した。

松野官房長官は、二三年一月、ロシアのウクライナ侵攻から一一か月となったのを受け、日本は主要七か国（G７）議長国として「国際社会と連携し、対ロ制裁やウクライナ支援を強力に推進していく」と記者会見で述べた。

だがタレントのデヴィ夫人（インドネシアのスカルノ元大統領の夫人）が支援物資を届けるためキーウを訪問したことには「どのような目的であれ、渡航をやめるよう勧告している」と苦言を呈した。それだけではない。デヴィ夫人の現地でのテレビ会見で、使い捨てカイロの一部を携行したが、大部は船便で送るので、春までに間に合うか心配だと語っていたのが気になった。暗に政府が負担しないのをなじっていると感じとれた。

使い捨てカイロは、純国産で越冬用の利器なのに、なぜ政府は援助の対象に選ばないのかといぶかっている識者は少なくないようだ。

最初に立ちあがったのは、東日本大震災の避難民だった山形県と福島県の市民団体で、三〇万個を届けようと呼びかけ、一月一〇日までに目標を達成した。同様の運動は全国各地に広がっているが、隘路は輸送面にあるらしい。

三万個を集めたある団体の輸送経路を見ると、（一）成田空港からポーランドへ空輸、（二）ポーランドの空港からウ国境に近い都市の倉庫へ運ぶ、（三）そこからトラック便でウクライナ国内に配布する、計画となっている。

一〇月ぐらいの段階で政府が動いて一千万個以上の使い捨てカイロを航空輸送していれば、との思いをぬぐえない。


規模はともかくとして、対ウクライナ援助を公表している国々と、国連総会の非難決議への関わり方を対比すると、援助をめぐる複雑な対応ぶりが浮かびあがってくる。

まず決議に反対票を投じた五か国のうち、ベラルーシはロシアの侵攻で出撃基地となった準同盟国、北朝鮮は何らかの軍事支援と引き替えに労働力や兵器・弾薬などをロシアに提供しているとされる。いずれもロシア支持勢力と見てよい。

次に棄権票を投じた三五か国は中国、インド、イラン、モンゴル、ベトナム、キューバ、南アフリカ、中央アフリカなど以前から経済的、軍事的交流が深く、キューバや南アフリカのようにロシア支持の動きを見せているところもある。濃淡はあるにせよロシアと敵対関係になりたくない心情の国が多く、ウクライナ援助に踏み切ったところはない。


このうちインドがアメリカの説得にもかかわらず棄権にまわったのは意外とされる。理由については諸説あるが、米露中の三角関係の局外で中立的位置を保ちたいからか。表面的には中立を志向しているこのグループでかなり露骨にロシア寄りの姿勢を見せているのは、ロシアに自爆ドローンの「シャヘド」を供給したイランである。だがウクライナの民生インフラへの集中攻撃が国際的不評を呼んだせいか、公式には認否をぼかし、一〇月の総会では棄権から欠席に転じた。

賛成票を投じた国々も事情は一様ではない。大国の多くは援助に加わっているが、ブラジル、アルゼンチンなどの中南米諸国やインドネシア、タイなどＡＳＥＡＮ諸国の多くは援助の列に加わっていない。

総じて二度にわたる国連決議の投票分布は、ほぼ忠実に対ウクライナ援助に反映していると言えようが、ここで今後の展望に触れたい。

侵攻から半年後の頃から、「支援疲れ」の声がちらほらと聞かれるようになり、実際にEU諸国を中心にペースダウンの傾向も見られたが、秋に入る頃からロシア軍の連敗と劣勢が誰の目にも明らかとなり、逆に失地回復を呼号するウクライナ軍の反攻、さらにロシア軍の民生用インフラへの集中攻撃や民間人虐殺の戦争犯罪などへの反感もあって、ウクライナ支援に対する欧米諸国の世論が盛りあがった。

攻撃的兵器は供与しない暗黙の原則をゆるめようとする見地から、年末に米、仏、独が歩兵戦闘車など装甲車両の供与を発表した。一月下旬には「新型戦車三〇〇両が欲しい」とのウクライナ側の要望に応じて、英、独、仏、米、ポーランドなどNATO諸国が百両以上の戦車を供与することに踏み切った。

二月に入ると、ゼレンスキー大統領は英仏独を歴訪して、次の目標である戦闘機の供与を打診する。米独はノーと反応したが、英仏は検討課題とすることを表明した。

ところで対ウクライナ援助の流れで最大の未解決課題は、戦火で破壊され経済が半ば破綻したウクライナの復興だろう。ゼレンスキー大統領は停戦（勝利？）の条件としてロシアへの賠償要求をかかげているが、ロシアの在外資産を没収しても間に合う規模にはなりそうにない。

ウクライナ政府は二二年七月の段階で西側の専門家と協議して復興費用を七五〇〇億ドル（約七〇〇〇億ユーロ）と概算しているが、二〇二二年のウクライナのＧＤＰは前年比マイナス36％（ちなみにロシアはマイナス２・１％）だから、自己負担は困難で、重荷は日本をふくむ西側諸国にかぶってくると思われる。

制裁と戦争犯罪と避難民

次に対ウクライナ援助とは表裏の関係にある対ロシア制裁の要点を観察したい。

ウクライナ侵攻に対し、米国の主導下にＧ７（主要七か国）など西側諸国はロシアへ強力な経済制裁を科すことになった。立ち上がりはきわめて早く、侵攻から二日後の二月二六日には米英とＥＵの間で経済制裁の原案が作成され、三月一二日から正式に発動された。

すでに二〇一四年のクリミア併合を機にロシアに対する制裁は始まっていたし、イランや北朝鮮に対する経済制裁も進行中だった。だが二〇二二年の対ロシア制裁は、「前例のない規模の強力な制裁」（バイデン米大統領）で、軍事行動の継続が困難となるほど、ロシア経済に与える打撃は深刻になるだろうと予想した専門家は少なくなかった。

制裁の範囲は数次にわたり追加され、参加国も当初の三七か国から五〇か国前後までふえるが、米国が実施した主要な制裁措置は①ＳＷＩＦＴ（国際的決済ネットワーク）からロシアの締め出し、②ロシア中央銀行の海外資産の凍結、③ロシアの最大手銀行をふくめた取引き停止、④半導体などハイテク商品のロシアへの輸出禁止や投資の規制、⑤原油、天然ガス、石炭などのロシアからの輸入禁止、⑥関税上の最恵国待遇の停止などであった。すなわち金融、貿易分野を中心に、国家、団体、個人を対象に適用しようとするもので、たとえば資産凍結されるのはロシア中央銀行ばかりか、プーチン大統領や二人の娘までリストアップする徹底ぶりだった。

しかしロシアも柔軟かつ巧妙な手法で制裁を次々にかわしたばかりか、逆にＥＵ諸国の弱味をゆさぶり、効果を減殺するしたたかな対応ぶりを見せた。

ロシアはＧＤＰでは世界第一一位で、第一位の米国や第二位の中国に遠く及ばないが、石油の産出量では第三位、天然ガスは第二位というエネルギー資源に恵まれ、農業もふくめ米国と同様に自給自足の資源大国という強味を持っていた。

表7　欧米諸国におけるエネルギー供給のロシア依存度（2020年）

国名	天然ガス(%)	石油(%)	国名	天然ガス(%)	石油(%)
全欧州			ポーランド	43	66
全EU	24	25	イタリア	40	12
ハンガリー	100	40	オランダ	36	21
ラトビア	100		トルコ	34	
チェコ	86		フランス	20	13
ブルガリア	73		イギリス	5	11
フィンランド	67	67	オーストリア	0	
ドイツ	58	29	ウクライナ	0	
セルビア	55		日本	9	4
リトアニア	50	69	米国	0	1

出所：EUROSTAT（2022年3月23日）
注（1）2013年のオーストリアの依存度は80％だったが、その後に転換して0へ。
（2）ウクライナは51％だったが、2015年からEUより調達、ウクライナを通るパイプラインの使用料をロシアが支払う方式となった。

表7が示すように、EU諸国は石油と天然ガスのエネルギー源をロシアからの輸入に依存していた。とくに天然ガスは陸上（ウクライナなど）と海底（ノルドストリームⅠとⅡ）に張りめぐらされたパイプラインで結ばれ、その蛇口はロシアの意向で開閉することができた。実際に早い段階でポーランドやブルガリアは見せしめで供給を打ち切られたり、ドイツやイタリアへの供給を削減したりする例が起き、ドイツなど依存度の高い国々への威嚇効果は小さくなかった。

それでもEUなどの欧州諸国は多少の遅速はあっても、制裁では結束を保ったが、「世界人口の半分以上は制裁に同調していない」とプーチンがうそぶいたように、中国、インドや「グローバル・サウス」と呼ばれるアフリカ、アジア、南米の発展途上国は同調を避けた。

米国もエネルギー事情は承知していたので、最初からSWIFTの適用対象からロシア最大手の銀行や天然ガスを管理するガスプロム銀行を対象から外しておいた。EUも発効は少しおくらせて石炭（四月）と石油（五月）の輸入は停止したが、天然ガスについては、代替の輸入先を確保（二〇三〇年を想定）できるまでの削減方針で切り抜けることになった。

なかでもドイツは家庭用暖房などへの影響が憂慮されたが一二月末にショルツ首相は「この冬のエネルギーの安全は確保された」と声明した。米国やノルウェーからの緊急調達、原発や石炭火力発電所の再稼働で間に合わせたからである。

供給側のロシアもそれなりの「返り血」を浴びた。政府歳入の約四割は原油やガスなどの輸出で賄っていたのだが、二〇二二年の輸入も輸出も四割減となってしまう。しかし供給不足で価格が高騰したことや、中国やインドへ安値で平年の二倍以上を売りさばくことで埋めあわせた。

欧州諸国には輸入代金をルーブル払いに義務化する奇策が成功し、一時は急落したルーブルの為替レートはたちまち回復する。中銀は準備高の三分の二に当るドルやポンドの外貨（四〇〇〇億ドル）を凍結されてもさほど困らなかったのである。

制裁の枠外ではあったが、ロシアに進出していた西側の有名企業（約一〇〇〇社）が、自発的に撤退する例が続出し、国内経済への打撃になるという予想も外れた。

一九九〇年にモスクワで第一号店を開いて人気を集めたマクドナルドの例を見よう。八四〇の支店もろとも買いとったロシア企業は、順調に営業を継続する。コカ・コーラやユニクロも同様で、代替のロシア企業が国内市場を拡大する好機になったとも評されている。さしたる痛手にならなかったものに文化制裁がある。オリンピックへのロシア代表としての出場を禁止したり、チャイコフスキー国際コンクールのような国際的イベントから締め出す動きだ。

それでも長期的に見れば、経済制裁はじわじわとロシア経済を侵蝕して行くだろうとの観測は根強いが、果してそうか。プーチンは「欧米の制裁はオウンゴールになった」と強気だが、西側からも「制裁による抑止効果はあまりないか、全くない」（ビル・エモット）と応じる専門家がいる。

付言すると、制裁に随伴した価格高騰や流通の渋滞によるしわ寄せは、発展途上国に過酷な打撃を与えた。世界の穀倉と称されたウクライナからの穀物輸出が停止したからである。人道的見地から動いた国連やトルコの仲介に応じ秋頃から黒海を通じての輸出再開を許したことは、発展途上国の好感を招いたばかりでなく、自身の穀物輸出でも実益を得る一石二鳥の効果を収めたとも言えよう。

だがこの程度では、頻発したロシア軍の非人道的行為に起因する国際的悪評を解消できるとは思えない。その範囲は占領地住民に対する政治的自由を奪う「ロシア化」の強制に始まり、住民の拘束、監禁、拷問、強制連行、略奪、処刑、虐殺、さらに故意の住宅、病院、学校や電源など民生用インフラへの無差別砲爆撃や原発敷地の武装化に及んだ。ジュネーブ第四条約（一九四九年）などの国際法に軒なみ違反する幅広い「戦争犯罪」と見なせる。

一部は本書の各章で紹介しているが、なかでも最大の反響を呼んだのは三月に起きたキーウ攻防戦におけるブチャの住民虐殺であった。それを立証する証拠写真が公表されると四月七日、国連の人権理事会は「重大かつ絶対的な人権侵害」と認定して、ロシアを資格停止（除名）処分に付した。

採決の色分けは中国、北朝鮮、イランなど二四か国が反対、インド、南アフリカ、ブラジル、インドネシアなど五八か国が棄権で賛成は九三か国にとどまった。ウクライナ政府は国際刑事裁判所（ＩＣＣ）にも提訴し受理されたが速効性がないのは承知の上で、ロシア政府と軍の責任者を裁判にかけるための証拠集めに取り組んでいる。二三年二月現在までに特定された戦争犯罪は約七万件と発表されている。

ブチャの「犯人」には多数の民間人を拷問、殺害し、略奪もしたロシア軍第六四狙撃旅団所属の一〇名を指名手配した。戦場におけるこの種の非行は多かれ少なかれどこの軍隊にも見られる現象であるが、ウクライナ戦争ではそれを助長する誘因があった。

ロシア軍は占領地の住民を親露派、中立派、反対派に区分していたが、民心を掌握することに失敗した。ひとつには裏面で情報収集やパルチザン活動でウクライナ正規軍に協力する反露分子に悩まされ、被害妄想に駆られたロシア兵の摘発が横行したせいでもある。

救いになるのは、多数のウクライナ避難民を受け入れ、保護した周辺諸国の人道的活動だろう。国連の難民高等弁務官事務所の記録によると、全世界の難民と避難民の合計は一億人を超え、多くは目的地への一方通行である。それに対し、ウクライナ戦争に起因する避難民の規模は一八八四万人が出国したものの、六割近くの一〇四三万人が、数か月後にウクライナへ帰国（入国）しているのが特徴となっている。

差数の八四一万人（二〇二三年二月）は避難先の近隣諸国が受け入れていることになるが、戦争が終結すれば、大多数が母国へ帰るだろうと予測される（注）。

（注） キール研究所の算定によると、国別の受け入れ数（概数）で観察すると、首位のポーランドが一五六万人、ついで▽ドイツ一〇六万人▽チェコ四九万人▽イタリア一七万人▽英国とスペイン各一六万人――など。ちなみに日本は二二五六人である。
空路は使えないので、避難民は鉄道、車両、徒歩でまず近隣諸国（ポーランド、ハンガリー、スロバキア、ルーマニア、モルドバ）との国境を通り、他の諸国へ散っていったことになる。


シリアや北アフリカから欧州へ押し寄せた難民の大群をさばき切れず、各国で受け入れをめぐる紛争が多発した。それに比べウクライナの避難民はピーク時には一日一九万人のペースでポーランドなどの隣接国ばかりでなく、欧州全域に温かく迎えられ必要な保護を受けた。

不運だったのは、国連の記録にある、ウクライナからロシアへ出国した二八五万人

（入国者数はデータなし）である。ロシア軍を迎えいれ、自発的にロシアへの「避難民」を選択した例もなくはないだろうが、多くはいわゆる「強制連行」も同然の出国かと推測される。なかにはシベリア僻地の収容所に送られたとか、多数の子ども（二三年四月のウ政府の推計では一万九五四四人）を「養子」の名目などで集めているという風聞も伝わるが、詳細は知りようがない。

国内だけの避難民（五三五万人）を加えると総人口四二〇〇万人のうち六割近くが一時的にせよ「民族大移動」となってしまったが、悪いことばかりではない。

非戦闘員を激戦地から遠ざけ、正規軍の戦闘員だけで戦い抜いたせいで、民間人の人命損失を最小限に抑えることができたとも言える。軍民混在の形で多大の死者を出した沖縄県民（一九四五年）の戦訓がしのばれる。

第五章

最近の戦局と展望

「独裁体制は見かけほど強くはない」
——ジーン・シャープ

ゼレンスキー vs. プーチン
©（ゼレンスキー）EPA＝時事　（プーチン）EPA＝時事／SPUTNIK POOL

膠着した塹壕戦の春

第三章の末尾を、著者は「冬を迎えてウクライナ戦争は膠着状況で二〇二三年を迎えた」としめくくった。

その続きとなる第五章は二〇二三年の年初から擱筆する四月末までの戦況をカバーする予定だったが、軍事作戦の領域に限ると、露ウ両軍の前線は膠着したままで、ほとんど動いていない。

内外のマスコミは、しきりに両軍の大規模な攻勢が始まりそうだと予告してきた。心理戦の思惑もあってか、両国の国防当局もあえて否定もせず、むしろ肯定的な反応を見せている。

たとえばウクライナ軍のザルジニー総司令官は、昨年一二月一五日に英誌『エコノミスト』のインタビューで、今は時間稼ぎをしているロシア軍が、「早ければ新春の一月下旬にも東部で大規模な攻勢を仕かけてくる」との予想を公表した。ついでにロシア軍がベラルーシを策源地とするキーウへの攻略戦を再挙する可能性もあると付け加えた。

後者はウクライナ軍の兵力を分散させることを狙ったロシアの陽動策との見方が有力だったが、ウ側もロシア軍の兵力を分散させる牽制策をさりげなく洩らしている。

前記のザルジニー発言と同じ頃に、大統領府顧問が「ウクライナ軍も攻勢を準備中」と前置きして、南部のザポリージャ州から南下してメリトポリを奪回すれば「クリミア進撃への足がかりになる」と、攻勢方向まで示唆した。

それはかねてから軍事専門家たちが、ロシアの東部戦線と南部戦線を分断できるメリットを強調し、推奨していた戦略でもあったが、一一月に奪回したばかりのヘルソンからクリミアへの直接進攻を説く論者もいた。

このように虚実とりまぜての思惑が交錯するなかで、ロシア軍は予告どおり一月下旬から東部のドンバス地区で攻勢を開始した。メディアは大々的に報じたが、ウクライナ軍は二月一日にプーチンがゲラシモフ総司令官へ三月末までにドネツク州の全域を制圧するよう厳命して、発動された限定的攻勢と判断したようである。

それに対しウ軍は、北から南へクレミンナ―バフムト―アウディイウカ―ブフレダルとつらなる既成の防衛陣地線を固守しつつ、ロシア軍の前進を遅滞させ〝出血〟を強いる対応策をとった。

ロシア軍はドネツク州におけるウ軍の中枢根拠地であるクラマトルスク（仮州都）と北隣りのスラビャンスクをめざし、三方向から挟撃してウ軍を掃滅し、プーチンの要求を満たすつもりだったろうが、つまずいてしまう。

ブフレダルでは北上作戦を強行したロシア軍がウ軍の反撃で大敗する。クレミンナから西進してリマンを奪回したのち南進する予定のロシア軍主力は、泥濘に足をとられて戦車や装甲車両は、一年前にキーウ戦線で味わった「悪夢」の再現に脅え、前進をためらったため、ウ軍は防御陣地線を守りきることができた。

そうなると戦局の焦点は、バフムトの攻防戦に絞られてくる。この地は昨年の夏から断続的な攻防戦がくり返されてきたのだが、年が明けるころから話題を集めたのは、プリゴジンがひきいる民間軍事会社「ワグネル」の存在感に負う部分が大きい。

とくに刑務所の囚人たちに呼びかけ、恩赦と高給で集めた囚人兵（一説には約四万人とも）の「勇戦」ぶりが喧伝されたが、損耗も大きく、死傷率は八割から九割に及んだとされる。ロシア軍にとってはそれだけの利用価値はあったにせよ、プリゴジンが「ロシア正規軍は怖がって前進せず、代ってワグネルが戦闘の主役を担っている」のに、

「弾薬を補給してくれないとバフムトを放棄する」と苦情を申したてたりするので、軍との関係を悪化させてしまった。

どうやら最前線のワグネル兵が、ウ軍兵を白兵戦に誘出したところへ、後方の露軍砲兵が集中砲火を浴びせる「捨て駒」の役割を負わされたのが実情だったようだ。

毎日新聞の鈴木特派員は、負傷して後退したウ軍参戦者（元国会議員）から「ワグネルの兵士は囚人の身分を示す腕輪をつけていて、退却すると督戦隊に射殺されるので、死にもの狂いで向かってくる」（毎日新聞　二〇二三年二月二二日付）と聞きだしている。

ともあれロシア軍砲兵は一日に六万発のペースで砲弾の雨を降らせ、六千発のウ軍を圧倒した。戦闘は市街地で一戸ずつを奪いあう近接戦となり、ウ軍の人的損失も少なくなかった。

NATO方面からは、囚人兵と命のやりとりをするのはひきあわぬとして、バフムト撤退を勧告する声も出たようだが、前線を視察して兵士を激励したゼレンスキー大統領は、あくまでバフムトを固守すると宣言し、撤退論に傾くザルジニー総司令官との対立が噂された。

しかし一日二二〇人（三月一〇日）に及ぶ戦死者が出る苦戦をいつまでもつづける理由は乏しい。大統領は「場合によっては撤退も」と洩らすようになるが、四月末にバフムトの八割以上を確保したと誇称するロシア軍の進撃は停頓したらしい。五月一二日には、ロシア国防省がウ軍の局地的反撃で、退却を強いられた事実を認めた。

折しもプーチンが課した三月末の期限が来た。しかし戦況は思うように進展せず、英国防省は四月一日に「ドンバスの完全制圧に失敗したことが明らかになった。数万の死傷者を出しても獲得した地域は僅かにすぎないからだ」と評す（注）。

（注） バフムト戦における両軍の人的損失は多大だが、正確な数はつかめない。五月一日に米大統領府は、五か月間にロシア軍の死傷者数は一〇万（うち二万が死亡）という推計を発表した。同じ日にウ国防省はロシア軍の死者を二万五六〇〇人と公表したが、自軍の戦死者は数千人としか述べていない。

著者はこの間に戦局の推移よりも、ドンバス地区の気象と道路の状況が気がかりになっていた。関連の情報は意外に少ないなかで、三月中旬にバフムトを訪れた英BBCの取材チームが、「泥のために何も動かない。戦場を車両で移動するのはほぼ不可能」と報じたのが、ヒントになった。

おそらくゼレンスキー大統領が三月一日に「冬は終わった」と宣言した前後から融氷と融雪で「泥将軍」（ラスプティツァ）の季節が始まり、中旬には最盛期を迎えたらしいと見当がついた。ロシア軍は一年前の誤算をくり返したのかと私は嘆息した。

あらためてウクライナ北部の気象状況を点検すると、今年は昨年を上まわる暖冬だったことがわかる。一月二日のキーウの気温は最高が13℃、最低が6℃で、公園の桜が開花したと報じられている。

ウクライナだけではない。欧州諸国でもベルリンが16℃、ワルシャワが19℃、スイスが20℃の最高気温を記録した。ちなみに札幌は最高がマイナス5℃、最低がマイナス8℃だった。

その後は断続的に気温は0℃を挟んで上下するが、暖冬の基調は変らず、三月一六日の気温は最高6℃、最低1℃だから、十分な凍結に至らぬまま、大地はラスプティツァへ移行したものと想像される。最悪の気象環境である。

ロシア軍はバフムトの塹壕戦でワグネルがウ軍を消耗戦にひきこんでいる間に、機を見て北のクレミンナ（バフムトの北70キロ）に集中した二万余の主力部隊が南下し、南のブフレダル（バフムトの西南70キロ）から北上する支隊と挟撃してドネツク州北半のウ軍主力を掃討するつもりだった。

ところが前述のように、諸兵科連合の機動戦による勝利に期待していたロシア軍の想定は外れてしまい、クレミンナ、バフムト、ブフレダルの三方面とも平押しの陣地戦に追いこまれてしまう。

機甲部隊の全車両が走り廻れるほど、ドンバスの大地が完全に乾くのは、レズニコフ国防相が「ぬかるみでキャタピラーの車両しか使えない」（四月八日）と述べているところから察すると、早くて四月下旬から五月になると推定された。もはや主導権を失いかけているロシア軍が、今までの攻勢作戦を続行する意欲を失ってもふしぎはない。

そうなると、「春の反転攻勢」を予告していたウクライナ軍に攻勢発動の好機が到来しそうな気配だったところへ、四月上旬、米ペンタゴンから流出した一〇〇件前後の機密文書がSNS上に出まわり、ニューヨーク・タイムズやフィナンシャル・タイムズが大々的に報じた。一部の改ざん説もあり、評価は確定していないが、そのなかにウクライナ軍の編制や発動を予定している大攻勢の計画案がふくまれているようだ。

投入される兵力は一二個旅団（約六万か）、時機は四月下旬か五月に「想定」されていたが、ＣＮＮテレビによると、あわてたウ軍は作戦計画を変更したとされる。

たしかに投入予定旅団の編成を検分した専門家は、戦車や火砲の質と量がロシア軍より低い、と指摘していた。欧米諸国から新型戦車や戦闘機などの兵器が大量供与される時点まで待つ姿勢に変わってもふしぎはない。実際にＮＡＴＯ事務総長は四月二七日に計画の97％に相当する戦車二三〇両、装甲車一五五〇両が供与済みと発表した。だが期待していたレオパルトは八か国以上の寄せ集め混成チームで練度や整備に不安が残り、最強とされる米のエイブラムス（三一両）は引き渡しが秋以降とされ、総合して決定的な打撃力には達しそうもない。とりあえず春の大攻勢は夏か秋以降に延期されるか、場合によっては東部戦線への増援に振り向けられる可能性もある。

ところで暖冬異変は思わぬ副産物をもたらした。ロシア政府の主要な収入源である石油や天然ガスの市場価格が急騰から急落へ転じ、プーチンを落胆させているという。

またウクライナの電力施設へのミサイル攻撃で、凍えかけていた市民への福音となった。破壊された施設も修復を終り、春を迎えて欧州へ電力を輸出できると伝えられる。

こうした事情を知ってか、ロシアも半年近くつづいたミサイルの「浪費」を抑制しているようだ。

◆コラム◆ブフレダルの戦い

ドンバスの戦場を代表する主戦場として注視されてきたバフムトに比べると知名度は低いが、ニューヨーク・タイムズ紙が「最大規模の戦車戦で、ロシア軍は稀に見る負けっぷり」を見せたと評する激戦場。

ブフレダル（Vuhledar）はバフムトの南西方70キロ、マリウポリの北方75キロのドネツク州中部に位置する人口二万余のさびれた炭鉱町だが、ドンバスとクリミア半島を結ぶ回廊を扼す交通の要衝である。北上してバフムトから西進するロシア軍はクラマトルスク、スラビャンスクのウ軍主力を挟撃すれば、州の北半を制圧するのが可能となる。

そこに着目したロシア軍は二二年七月頃から、ブフレダルをめざす北進攻撃を開始したが、そのつどウ軍に撃退されたので、兵力を増強して、一〇月二八日から大攻勢をしかけた。投入した兵力は新編成の狙撃二個旅団、海軍の海兵隊二個旅団に戦車隊や砲兵などを加えた二万人と推定される。

このうち第一五五親衛海兵旅団はキーウ進攻やマリウポリ攻囲戦で奮闘し、プーチンから賞讃されて「親衛」称号をもらった歴戦の精鋭だったが、損耗も大きく極東から補充されてきた兵士の練度は落ちていたようだ。

先鋒を任された海兵旅団はブフレダルに南接するパウリウカに攻めかかり苦戦に陥ったが、出身地の極東沿海州知事へ送った非公式の書簡がブログに流れ、物議をかもす。

その要旨は「総指揮官のムラドフ将軍はゲラシモフ参謀総長の歓心を買おうとして拙劣な戦闘を強行し、旅団は兵員と装備の半ばを失い、ある部隊は一二六人のうち生き残ったのは一九人にすぎない」というもの。

それに対しロシア国防省は取りあわず、「深刻な被害はない」と突き放し、一一月一四日にパウリウカの占領を報じたあとは、戦況の進展に沈黙を守った。

だがロシア軍は攻勢をあきらめたわけではない。年明けの一月二四日からブフレダルへの総攻撃を再開するが、丘上で堅固な陣地を守るウ軍の巧妙な反撃により、同じ失敗をくり返す。

戦闘の状況は衛星画像で西側メディアの目に触れたが、地雷原と泥土を避けるため道路上を一列縦隊で前進する車両の列に、ウ軍はドローンで位置を確認したあと、榴弾砲、ハイマース、対戦車ミサイルが連係する攻撃を加える。エンジンを停止して隠れていた戦車も加わった。

戦果の詳細は判じにくいが、西側のメディアは戦車・装甲車一三〇両が破壊されたと報じる。捕獲された露軍将校の日誌を引用して、四日間に所属部隊四三二人のうち、生存者は五七人にすぎず、海兵旅団は事実上全滅したと伝えた。

おなじみの結果がくり返されたのに気づいたロシアのブロガーたちは「またも待ち伏せ攻撃で七面鳥狩りのようにやられてしまうとは何たる愚かさ」と痛憤している。

さすがに攻めあぐねたロシア軍は、二月一五日に攻撃を中止してしまうが、機を見てブフレダルを攻める構えは変えていない。

なお四月に入ってムラドフ将軍が「異常なほどの死傷者を出した」との理由で解任された可能性が高いと英国防省筋は伝えている。

今後の戦局とシナリオ

ここで両軍の戦力状況、とくに欧米からの支援に頼るウクライナ軍の現況を観察し、今後の戦局の見通しを仮想シナリオの形式で展望してみたい。

英国防省が発表した推定によると、ロシア軍の兵力（現役）は一一九万人に対し、ウクライナ軍は六八・八万人である。開戦時は総人口比に近い八五万対二〇万人だったから、格差は縮まっている。

理由はウクライナが国民総動員に踏み切ったのに対し、露は部分動員にとどめているからだが、換言するとマンパワーではほぼ互角と評しても過言ではあるまい。ただしロシアは四月に入って、徴兵の強化に乗り出しているので、遠からずバランスが崩れる可能性はある。

兵器の面ではロシアが国産で賄っているのに対し、旧ソ連の中古品が主体のウ軍は米国やNATOからの支援なしには互角で戦うのは至難だった。しかし必要な供与兵器が次々に届いたのは昨年六月以降で、ウ側には「小出しでおくれがち」の不満がくすぶりつづけている。

それでも士気の高いマンパワーと内線の利を生かした堅実な防御戦闘に徹したため、次々と勝利を重ねることができた。だが長期化するほどロシア側が有利となり、欧米諸国の「支援疲れ」も懸念される。そこで「ゲームチェンジャー」になりそうな新鋭の供与兵器をそなえた精鋭部隊で早目に決戦を挑みたい、そして確実な勝利で戦争終結への道程を探ろうとするのがウクライナの悲願となった。

ゼレンスキー大統領が半ば悲鳴のようなトーンで提供を切望した供与兵器は、戦況に応じ変動したが、最近では戦車、中長距離ミサイル、防空システムが主対象となっている。また砲弾の供給は米軍にも余裕がなく、他の同盟国から調達して届ける状況である。なおF-16のような新型戦闘（爆撃）機への要請は、ロシアを過度に刺激するという政治的配慮から拒否されてきたが、停戦後の備えに供与するだろうとの見方もあるようだ。米の真意は「ウが勝ちすぎず、露が負けすぎない」状況だと皮肉る声も聞こえるが、それを承知の上でいくつかのシナリオを仮定してみる。

シナリオⅠ……バフムト周辺を焦点とする露ウ両軍の攻防戦が断続的につづく。ドネツク州のほぼ全域がロシア軍の制圧下に入る可能性は捨てきれない。その他の戦場も各地で小ぜりあいが続発する。そして三年目の消耗戦へ移行。

シナリオⅡ……夏から秋にかけ三百両の戦車隊をふくむ諸兵科連合のウクライナ軍主力（約六万）が反転攻勢を発動。主力はザポリージャからメリトポリとマリウポリを目標に進撃し、露軍の占領地域を分断する。ウ軍は折を見て手薄になったドンバスのクレミンナを奇襲し、東部二州を制圧する。

シナリオⅢ……ウクライナ軍の反転攻勢の主力はドニエプル川を渡河してヘルソン州のロシア軍を攻撃、メリトポリからの友軍と呼応してクリミア半島へ進撃する。

シナリオⅣ……失敗つづきのロシア軍は中南部占領地の防御態勢を強化し、来攻するであろうウ軍を撃退した後に北のキーウと北東部のハリコフ占領をめざし、控置しておいた予備の大兵力を投入する。

今のところ、双方ともに「戦場で決着をつける」構えを捨てていないが、全戦力を投入しての決戦で勝敗を決する事態は避けるだろう。そうだとすると、停戦や和平協議に持ちこんで決着させるしかない。

不定要素は多すぎるくらいだが、やはり仮想シナリオの知恵を念頭に、平和回復への諸条件を探ってみよう。

◆コラム◆ゼレンスキー（コメディアン）対プーチン（スパイ）

二〇二二年に名をはせた「時の人」の代表格が、ウクライナのゼレンスキー大統領とロシアのプーチン大統領の両人である事実を疑う人はいないだろう。たしかにテレビのニュースや新聞の国際面で、両雄の名を見なかった日はなかった気がする。

その間に明のゼレンスキー、暗のプーチンというイメージが定着した。経歴を眺めると二人には共通する要素がまるで見当らない。そのあたりを対比すると、まず子ども時代からスパイになるのが夢だったプーチンは旧ソ連の対外諜報機関（ＫＧＢ）の官僚としてキャリアを積んだ。

他方のゼレンスキーは、子役を経てのコメディアン俳優として人気ドラマ「国民の僕（しもべ）」の主役（ゴロボロジコ大統領の役）から、政治経験なしにいきなり大統領に横すべりしている。三年もしないうちにウクライナ戦争が始まったときの国際的知名度はないも同然だった。すでに二〇年、専制的権力者の座にあったプーチンの目には、ゆさぶれば簡単に倒せると映じてもふしぎはない。

政治経験や知名度だけではない。風貌や言動も二人は対照的だった。プーチンは常にネクタイをしめたスーツ姿で堅苦しい表情を崩さず、記者会見もめったに応じない。タバコも酒もやらず、飼犬と柔道（黒帯）を愛する硬派のイメージである。

それに対し戦時下のゼレンスキーは、茶系のＴシャツ姿で通し、明るく力強い語調で国民に話しかける姿を自撮りの画像でSNSやテレビに公開した。彼のこうした演技力が存分に発揮されたのは、オンラインで軍事支援を供与している欧米諸国の議会に登場して語りかける時だった。

ハイライトは米国が提供してくれた護衛戦闘機付きの輸送機でワシントンに乗りこみ、バイデン大統領と会見したあと議会で演説したシーンであった。マスコミの琴線に触れたのは、完全な米語で演説したことや、その前日に東部ドネツク州の激戦地バフムトを視察したさい、兵士たちが、感謝の意をこめて寄せ書きしたウクライナ国旗を贈呈したことである。支援疲れの気配が見え始めた米国の世論を盛りあげ、バイデンから追加支援を引きだすことに成功した。

こうした内外におけるゼレンスキーの絶大な人気に比べ、プーチンの評判は最悪と評してよいレベルで推移してきた。しかし国内世論の支持率は90％台と80％台で大差はなく、プーチンを強気にさせて終戦の見通しがつかぬ一因となっている。

さまざまなプーチン論は乱立しているが、見えすいた嘘を平然と押し通す彼の言行から実像を割りだすのは困難だ。「プーチンに訊きたい」と前置きして「なぜこんなばかげたことをはじめたのか。すでに巨大な権力を握り……憲法も法律も都合よく変えて、何もかも手にしていたのに、いったい何が不満だったのか」（エカテリーナ・シュリマン）と問いかけるしかないのか。

ピョートル大帝やエカテリーナ女帝を引き合いに「大ロシア帝国」の再現を語るプーチンには、ウクライナを手中に収めたいという単純な欲望しかないのかもしれない。

平和への道程は

ウクライナ戦争に対するメディアの記事を眺めていると、「戦争は勝つか負けるか、泥沼の長期戦のいずれかである」「どんな戦争も必ず終わる。双方が軍事的勝利をあきらめた時に」「降伏するのか、それとも無駄を承知で戦いつづけるのか」のような警句めいた悲観論ばかりでうんざりしているところへ、「これ以上の人命喪失を避けるため一刻も早い停戦を――即時なるべく無条件で」（東郷元外務省欧亜局長）というリアリズムと温情を兼ねた提言を見つけてほっとした。同感だが、著者は「なるべく無条件」という条件にこだわりたい。

ロシアもウクライナも、表面的には勝利をめざし戦う姿勢を誇示しているが、交渉による収拾策を放棄したわけではない。

停戦への動きは早くもロシアの侵攻の四日後から始まっている。

ベラルーシとトルコのイスタンブールで数回にわたり開催されたロシアとウクライナ代表団の討議はフリートーキングの形で進行した。三月二九日にウ側の原案にロシア側も、好意的に反応し現地レベルでは暫定的ながら休戦の合意が形成された。ウクライナ案の要点は以下のようなものである。

（1）ウクライナはNATOに加入せず、外国の軍隊を駐留させない非核中立国をめざす。

（2）法的拘束力のあるウクライナのための新たな安全保障システムを作り、米国、英国、NATO諸国、ロシア、中国などが加入する。

（3）クリミア半島の帰属については、一五年かけてロシアと協議する。

（4）親ロシア派が実効支配している東部二州の帰属については別に協議する。

（5）ロシア軍は侵攻開始時の線（二・二四ライン）まで撤退する。

ウ側としては難題のクリミアや東部二州の帰属は棚上げし、ロシアはウクライナのNATO加盟を阻止する目的を達したので撤兵するという名分作りにも配慮したつもりだったろう。

会談中にロシア代表がキーウ戦線から撤退するとわざわざ告げたことが示唆するように、ロシアは侵攻作戦に自信を失いつつあり、ウ案は悪くないと打算したのかもしれない。

キッシンジャー元米国務長官も「理想的に思えるこの条件で、二か月以内に停戦協定を」と勧告したが、そうはならなかった。

イスタンブール合意の直後にロシア軍によるブチャの虐殺が内外に伝わり、国際世論の硬化もあって停戦交渉は中絶し、再開の見込みは遠ざかった。五月から六月にかけ、米国や欧州諸国から本格的な武器供与が始まり、ドンバスの新戦場でウ軍が優位に立ったことで強気になったウ側の停戦条件は徐々にきびしくなっていく。

ゼレンスキーは五月に戦争犯罪者の処罰を、八月にはクリミアを取り戻す、九月末にはNATOへの加盟を申請すると公言した。

そして一〇月から一一月にかけて、諸条件を集成した交渉開始の前提となる一〇項目の和平条件を公表し、さらに和平サミットの開催を提案する。要点を摘記すると、ロシア軍の全面撤退、二度と侵略しない保証、破壊されたインフラへの補償、戦犯を裁く特別法廷の設置など多岐にわたるが、最大の争点である領土問題については、「領土の一体性回復」という表現でクリミア、東部二州を含む失われた全領土の回収を示唆した。

ハリコフ反攻の勝利やヘルソンの奪回など、軍事作戦の成功を反映しているが、好意的だった欧米のメディアは、実現不能の空論だとして冷淡な反応しか見せなかった。

対応を迫られたロシアは、九月末に東部二州だけでなく、南部二州をロシア領土に編入してしまい、住民に対する「ロシア化」を押し進めた。二〇二〇年の憲法改正には「領土の割譲禁止」条項が入っているので、四州を放棄するのは法的に至難となってしまった。プーチンは自ら退路を断ってしまったとも言えそうだ。

こうして凍結状況におちいっている状況を打開するには、第三国や国際機構の強力な仲裁しかないという認識が広がりつつある。仲裁者には国連、トルコ、フランス、さらに米国が候補としてささやかれてきたが、最近では三月下旬に習近平主席がプーチンを訪問したさいに打診した中国の動きに、注目が集まっている。

一二項目とされる中国案は具体性に乏しく、控え目の原則論にとどまっているが、ロシアに対しては核兵器の不使用を、西側に対しては対ロシア経済制裁の緩和を要請するなど中立性を印象づける、それなりの配慮を忘れていない。

習近平がもっとも強調したのは、ロシアとウクライナが早急に直接の「対話と協議」に入るよう促した点にあったが、頼まれれば仲裁役を引き受けてもよいというスタンスと思われる。

その場合に中立陣営のグローバルサウス諸国を代表するブラジルを加え、機を見て世界的規模の安全保障機構に発展させる狙いも秘めているようだ。

しかし習の呼びかけに対する露ウ両国の反応は微妙だった。ゼレンスキーは「中国が我々の側に立つと信じている」が、領土の一体性とロシアに兵器を渡さないことを念押しした。プーチンは「評価するが、米欧が受け入れる意思はなさそうだ」と口を濁した。中国が深追いせず静観しているのは、双方が決定的勝利をあきらめるタイミングを待っているからかと思われる。

仮定になるが、疲れはてた露ウ両国の和平交渉団は、昨年三月のイスタンブール会談を再開する形式を択び、当時の暫定合意を土台に論議を深めるのが適切だろう。

第一段階は停戦合意、第二段階で休戦合意へ進むが、その間の条件闘争は熾烈をきわめる長丁場となるのは覚悟する必要がある。朝鮮戦争（一九五〇―五三）の先例を参考にすると、休戦会談がスタートしたのは北朝鮮の南朝鮮（韓国）への侵攻から一年後の一九五一年七月だが、五三年七月の休戦協定調印まで中小規模の戦闘は断続した。

その日から七〇年が経過したが、侵攻時の国境だった三八度線は休戦ラインとなって、それを挟んだ南北朝鮮の対峙状況は今も変わらない。

見落せないのは、継戦に固執する南北朝鮮を、後見役の米ソ中が半ばねじ伏せる形で休戦に持ちこんだ事実である。ウクライナ戦争は朝鮮戦争と相似する部分が多いが、停戦や休戦の条件をめぐりプーチンやゼレンスキーを押し切れる力量の仲裁役を得られるかどうかが問われよう。とくにウ大統領には「煮え湯を飲まされるような停戦」（兼原信克）となりかねない。

ここで難題であることは承知の上で、和平をめざす著者なりの仮想シナリオを次にかかげる。

シナリオA――撤退なき無条件の停戦

適切な時点におけるロシア軍とウクライナ軍の実質的占領地境を仮の境界線（前後に

小幅の緩衝地帯は容認）として、一切の軍事行動を停止する。仲裁役の監視員を配置して履行状況を監視。

シナリオB――休戦協定に向けての暫定条件

クリミア、東部二州は現状維持。最終的帰属については一〇年以上の協議に委ねる。南部二州は西側の監視下における国民投票で帰属を決める。

シナリオC――ウクライナのNATOとEUへの加盟をロシアは黙認。ウクライナの安全を保障する機構を新設し、ロシアも加入。ロシアに対する経済制裁は解除する。

シナリオD――その他

ロシアに対する損害賠償は要求しない。そのかわりウクライナの戦後復興は、世界諸国（ロシアをふくむ）の援助で賄う。戦争犯罪への訴追は国連に委ねる。

日本もシナリオDの分野で、存在感を示せる機会を得るだろう。

あとがき

五年前になるが、数十年に及んだ歴史家生活を回顧した『実証史学への道』(中央公論新社、二〇一八年刊)の巻末に「老残の季節を迎えてしまった」が、「見られるだけのものは見守りたい」と書いたあと「これが〈あとがき〉を書く最後の機会だろうな」と感慨にふけったのを覚えている。

ところが、思いがけず従軍記者張りの気分でウクライナ戦記の執筆を思いたち、「あとがき」を書くはめになったのには多少の事情があった。

その事情を説明するに先だって、定期寄稿者だった私が産経新聞の「正論」欄に寄せたウクライナ戦争に関する次のような未公表の論稿を紹介したい。

執筆したのは、開戦から二か月ばかり経過した二〇二二年四月中旬である。戦局の行方は見きわめがつきにくい段階ではあったが、誰も予想しなかったウクライナ軍の善戦とロシア軍の敗退ぶりは、軍事史家としての私の関心を刺激するに十分だった。

内外の情報に当り、ロシア軍の敗因に的を絞りエッセー風の短文にまとめたのだが、一年後に再読してみても、さして古びていない印象なので、この機会に、一字も直さないまま発表することにした。

ウクライナ戦争——ロシア軍の敗因を探る

「プーチンの戦争」とか「最初の大型ハイブリッド（武力、サイバー、情報の異種混合）戦争」と呼ばれるロシアのウクライナ侵攻（二月二四日）から二か月が経過した時点で、戦局は第一段階から第二段階へ移行した。

この機に中間決算を試みると、筆者はウクライナ軍の善戦、ロシア軍の苦戦ないし敗北と評したい。カタログ上の戦力を比較すれば、ロシア軍はウクライナ軍の五〜一〇倍を保有しているので楽勝してもふしぎはないのに、誤認と誤算を重ねたあげくに敗北を招きよせた要因をいくつか列挙してみる。

第一は開戦前からアメリカを筆頭とするＮＡＴＯ諸国が、ウクライナへの支援を惜しまず、開戦後も兵器の供与をつづけ兵力差を埋めあわせたことである。孤立したロシアから見れば、ウクライナはＮＡＴＯの代理戦争を引き受けていると感じたかもしれない。

「リアルタイム」で丸見え

第二は侵攻前も後もロシア軍の展開と行動は衛星画像を通して丸見えにされ、しかもそれを世界中にさらけだすという異例の手法が通用したことである。たとえばサキ米報道官はロシア軍の動きを「リアルタイム」でウクライナへ提供していると明かした。

バイデン大統領も二月一一日の米欧首脳会談で、一六日に侵攻開始の可能性ありと予告したりしている。プーチンは撤退をほのめかし、侵攻を思いとどまったかに見えたが、期待は外れた。二〇万のロシア軍は八日おくれではあったが、二四日に首都キエフをめざす北部方面など三方向から「特別軍事作戦」を発動したからである。このおくれは破滅的な失敗を誘発した（後述）。

第三のおそらく最大の誤算は、ロシアがウクライナの戦力と戦意、とくにゼレンスキー大統領の指導力を軽視したことだろう。二〇一四年のクリミア侵攻ではウクライナ軍の抵抗は微弱で、親露派政権を立ててほぼ無血で併合を達成した。プーチンはその再現を狙い、一週間以内に片づくと楽観していたようだ。

ところが急速な近代化を進めていたウクライナ軍と、ナショナリズムにめざめた国民は一致団結して「大祖国戦争」の再現に立ちあがる。八割以上の支持率を得たゼレンスキーに代る親露派政権を樹立する余地はなく、侵攻したロシア軍は「四面が敵ばかり」の窮境に直面した。

早まった「泥将軍」の季節

最後の誤算は、おくれた侵攻のタイミングにあった。キエフの天候は札幌とほぼ同じだが、特異な事象は秋の終りと初春に到来する恐怖の「泥将軍」（ラスプティッァ）である。例年だと一月から二月にかけての凍結期では戦車や車両の機動は容易だが、三月半ばから後半にかけては舗装した幹線道路以外の平地は雪解けの水で泥沼と化し、四月末から五月初頭までつづく。

コップ一杯の水が黒土にしみこむとバケツ一杯の泥土になると言われ、はまりこんだ車両は身動きできなくなる。今年は暖冬のため凍結はおくれ、解凍は早まった。二月二四日から四日間の気象データは「欠測」（BBCウェザー）のため不明だが、二八日には最高気温が2℃と記録されているので、すでに泥の季節が始まっていたと推定される。

本来だと戦車の集団は横一列に展開して突進するのが常道だが、幹線道路を縦一列で進むしかない。泥にはまりこんだロシア軍の戦車や64キロに及ぶ車列の渋滞風景を我々も目にしたが、こうなると迎え撃つウクライナ軍にとって絶好の標的となる。

車列の先頭と後尾の車両を米軍供与の携帯式対戦車ミサイル（ジャベリン）で破壊した残りは要所に潜伏した兵士が一両ずつ仕留めていけばすむ。

空挺部隊を送りこむ軍用ヘリに対しても、携帯式地対空ミサイル（スティンガー）で次々に撃破した。戦車七五三両、その他の車両三四〇〇両、ヘリ一四四機とされる大損害を受けて、キエフの西郊ブチャまで前進したのが限度で、三月末にはロシア軍は全面撤退せざるをえなくなった。

ウクライナ産ミサイルを導入せよ

加えて三月中旬までの一か月足らずに軍司令官四人、黒海艦隊の副司令官ら七人の将官、連隊長一〇人など一三人の大佐が戦死している。多くは通信傍受で所在を知られ狙撃されたようだが、幕僚もろともだとすると、指揮系統は再建不能に近い打撃を受けたと思われる。

四月一四日には黒海艦隊の旗艦である巡洋艦「モスクワ」が、ウクライナ国産の地対艦ミサイル「ネプチューン」によって撃沈された。台湾侵攻をもくろむ中国は衝撃を受けたようだが、尖閣をかかえたわが国にとっても他人事ではない。自衛隊は若干の地対艦ミサイルを装備してはいるが、ネプチューンの追加配備を検討してもらいたい。

さて読後感はさまざまだろうが、この論稿を「正論」欄に投稿したのには理由があった。私が産経新聞社から「正論大賞」を受賞したのは二〇一四年だが、その前から「正論」欄の定期寄稿者を引き受けていた。

約二千字という制約はあったが、選ぶテーマ、対象、時期、本数は随意という好条件だったこともあり、気軽に執筆した本数は三〇本を超える。多くは単行著に再録したが、標題をいくつか例示すると、

「核抑止に〝レンタル核〟の勧め」(二〇〇六年)
「原発処理、もう米国に頼みたい」(二〇一一年)
「戦略的な広報外交の強化が必要だ」(二〇一四年)
「危うく改正を逃れた皇室典範」(二〇一六年)
「東京五輪マラソンはナイトランで」(二〇一九年)
「夫婦別姓＝親子別姓のジレンマ」(二〇二二年)

のように、時事的課題への提言が少なくない。

昨年四月には投稿が間遠になっていた折から、久々に「約束」を果そうと思いたったのだが思いがけぬ事態に出会う。

いつものように原稿を担当のS論説委員へFAXで送ったが返事がないので二週間後に電話すると、次のようなやりとり（要旨）となった（Hは秦）。

S――原稿は受けとっているが、面白くないし、誰もが知っていることしか書いてない。

H――たとえばどんな部分か。

S――泥将軍やロシア軍将官の戦死などだ。両方とも落し、書き直してくれ。

H――軍事的視点に絞ったロシア軍の敗因を究明した論稿はあまり見かけない。とくにラスプティツァが敗因となったロシア軍の事情は見落されている。将官クラス七人の戦死は、ロシア軍の指揮機能に再起不能に近い打撃を与えていると思う。落す理由はないし、書き直しは断わる。

S――とにかくレベルが低いから書き直せ。不服なら全部をボツにする。

H――今まで三〇本ぐらい書いてきたが、ボツと言われたことも、書き直しを要求された経験もないが――

S――あなたはこれまで特別待遇を受けてきたのだ。我々は、どの執筆者の原稿も赤を入れて書き直すし、ボツにする例も珍しくない。嘘だと思うなら、他の執筆者に聞いてみればよい。

H――ボツにするならしかたがない。そのかわり「正論大賞」は返上したい。

S――どうぞ御自由に。しかし返上の件は権限外だから、社長に言ってくれ。

この応酬に解説は不要だと思う。ばかばかしくて事を荒だてる気も起きなかったので放置したが、代りにウクライナ戦争と正面から向きあい、「あとがき」のついた単著にまとめたいという意欲が勃然と湧いた。その成果が本書である。レベルの高低は読者の判定に委ねるしかないと思い定めている。

本書が完成するまでに、多大の配慮と支援を惜しまれなかった新潮新書の阿部正孝編集長に心からお礼を申しあげたい（二〇二三年四月三〇日　記）。

著者

ウクライナ戦争の主要な戦闘 2022〜23年

R＝ロシア　U＝ウクライナ

名称	州	日付	勝者
ズミイヌイ島	オデーサ	2/24〜2/25	R
アントノフ	キーウ	2/24〜2/25	U
チェルノブイリ	キーウ	2/24〜2/24	R
ハリコフ	ハリコフ	2/24〜5/14	U
ヘルソン	ヘルソン	2/24〜3/2	R
コノトプ	スムイ	2/24〜2/25	R→U
スムイ	スムイ	2/24〜4/4	U
チェルニヒウ	チェルニヒウ	2/24〜4/4	U
マリウポリ	ドネツク	2/24〜5/20	R
イバンキウ	キーウ	2/25〜2/27	R→U
キーウ	キーウ	2/25〜3/31	U
ホストメリ	キーウ	2/25〜4/1	U
メリトポリ	ザポリージャ	2/25〜3/1	R
ミコライウ	ミコライウ	2/26〜4/8	U
ヴァシリキウ	キーウ	2/26〜2/26	U
ブチャ	キーウ	2/27〜3/31	R→U
イルピン	キーウ	2/27〜3/28	U
マカリウ	キーウ	2/27〜3/25	U
エネルホダル	ザポリージャ	2/28〜3/4	R
ヴォズネセンスク(第一次)	ミコライウ	3/2〜3/3	U
ヴォズネセンスク(第二次)	ミコライウ	3/9〜3/13	U
イジューム(第一次)	ハリコフ	3/3〜4/1	R
ブロバルイ	キーウ	3/9〜4/1	U
ルビージュネ	ルガンスク	3/15〜5/12	R
ポパスナ	ルガンスク	3/18〜5/7	R
クレミンナ(第一次)	ルガンスク	4/18〜4/19	R
セベロドネツク	ルガンスク	5/6〜6/25	R
リマン(第一次)	ドネツク	5/23〜5/27	R
リシチャンスク	ルガンスク	6/25〜7/3	R
シベリスク	ドネツク	7/3〜9/9	U
ヘルソン	ヘルソン	8/29〜11/11	U
バフムト	ドネツク	8/1〜	
ソレダル	ドネツク	8/2〜2023/1/3	R
イジューム(第二次)	ハリコフ	9/9〜9/11	U
バラクリア	ハリコフ	9/6〜9/8	U
クピヤンスク	ハリコフ	9/8〜9/10	U
リマン(第二次)	ドネツク	9/10〜10/1	U
クレミンナ(第二次)	ルガンスク	10/2〜12/29	U
パウリカ	ドネツク	10/29〜11/14	R
ブフレダル	ドネツク	11/14〜2023/2/15	
アウディイウカ	ドネツク	3/1〜	

出所：List of military engagements during the 2022 Russian invasion of Ukraine（Wikipedia-English）に著者が補筆

ウクライナ戦争略年譜（2022〜2023年）

2月24日	プーチン大統領、ロシア軍に特別軍事作戦を指令し、ウクライナ侵攻を開始 ロシア空挺軍がキーウ近郊のアントノフ空港に降下して失敗
25日	ウ軍はデミディウの水門を破壊 ロシア軍、南部のメリトポリを占領
27日	ロシア軍、ハリコフ市内に侵攻するが占領できず ロシア軍が南部のマリウポリ港へ進攻
3月2日	ロシア軍、南部のヘルソンを制圧
4日	ロシア軍、ザポリージャ原発を占拠
9日	ウ軍、キーウ東部のブロバルイでロシア軍の車列を撃破
21日	ロシア軍、ドンバス地方からクリミアに至る回廊を打通
23日	ロシア軍、キーウ攻撃部隊の撤退を開始。東部ドンバス地方へ転進
29日	イスタンブールで5回目の停戦協議
4月2日	ブチャで多数の虐殺死体が発見され、問題化 キーウ州全域からロシア軍撤退
4日	ウ軍、チェルニヒウを奪回
9日	ジョンソン英首相がキーウを訪問、軍事支援の拡大を表明 ロシア軍総司令官にドボルニコフ上級大将を任命
14日	ロシア黒海艦隊の旗艦「モスクワ」がウ軍の地対艦ミサイル・ネプチューンに直撃され沈没
16日	ロ軍、マリウポリ市街地を制圧

18日	ロ軍、ドンバス地方で攻撃開始
5月9日	アメリカが武器貸与法を復活
15日	ウ軍、ハリコフ北方でロシア国境に到達
16日	マリウポリの製鉄所で籠城していたウ部隊が降伏
6月1日	米がウクライナにロケット砲システム「ハイマース」の供与を表明
25日	ロ軍、ルガンスク州セベロドネツクを占領
29日	NATO、スウェーデン・フィンランドの加盟手続きを開始
7月3日	ロ軍、リシチャンスクを占領し、ルガンスク州全域を制圧と公表
22日	ウクライナの穀物輸出にロシア合意
8月29日	ウ軍はヘルソン地区で反転攻勢を開始と言明
9月1日	IAEA、ザポリージャ原発を視察
6日	5個旅団のウ軍、ハリコフ州で反転大攻勢を開始
10日	ウ軍、クピヤンスクとイジュームを奪回、ロシア軍はハリコフ州からの撤退を発表
21日	プーチンは30万人の部分的動員を公表
30日	プーチン、東部・南部の4州をロシアへ併合すると宣言
10月1日	ウ軍、リマンを奪回
8日	スロビキン将軍を特別軍事作戦の新司令官に任命 クリミア大橋が爆破される

10日	ロシア軍、ウクライナ全土へミサイルとドローンによるインフラ攻撃を開始 ロシア軍とベラルーシ軍の合同軍編成
11月11日	ヘルソンのロシア軍は撤退と発表
12月5日	ウ軍は南部ロシアのエンゲリス空軍基地をドローンで攻撃
21日	ゼレンスキー大統領、米議会で演説
2023年 1月11日	ゲラシモフ参謀総長を特別軍事作戦の統括司令官に任命
25日	米、英、独が主力戦車のウクライナへの供与を表明
2月3日	EU首脳とゼレンスキー大統領との協議
20日	バイデン米大統領、キーウを訪問
3月17日	国際刑事裁判所がプーチンに対して戦争犯罪の容疑で逮捕状を発出
20日	中国の習近平主席、モスクワを訪問
21日	日本の岸田首相、キーウを訪問
4月4日	フィンランドがNATOに加盟
7日	米ペンタゴンの機密文書流出が報道される
14日	ロシアで召集逃れ防止法が成立
5月3日	クレムリンを狙ったドローン２基が飛来

主要参考文献（順不同）

小泉悠『現代ロシアの軍事戦略』（ちくま新書、二〇二一年）
小泉悠『ウクライナ戦争』（ちくま新書、二〇二二年）
小泉悠『ウクライナ戦争の200日』（文春新書、二〇二二年）
廣瀬陽子『ハイブリッド戦争』（講談社現代新書、二〇二一年）
小川和久『メディアが報じない戦争のリアル』（SB新書、二〇二二年）
黒川祐次『物語 ウクライナの歴史』（中公新書、二〇〇二年）
黒井文太郎『プーチンの正体』（宝島社新書、二〇二二年）
黒井文太郎（監修）『13歳からのウクライナ戦争 150日新聞』（宝島社、二〇二二年）
真野森作『ルポ プーチンの破滅戦争』（ちくま新書、二〇二三年）
大前仁『ウクライナ侵攻までの3000日』（毎日新聞出版、二〇二三年）
朝日新聞国際報道部『プーチンの実像』（朝日文庫、二〇一九年）
朝日新聞取材班『現地取材400日で見えた 検証 ウクライナ侵攻10の焦点』（朝日新聞出版、二〇二三年）
樋口譲次（編著）、日本安全保障戦略研究所（編）『ウクライナ戦争徹底分析』（扶桑社、二〇二二年）
鶴岡路人『欧州戦争としてのウクライナ侵攻』（新潮選書、二〇二三年）
宮嶋茂樹『ウクライナ戦記 不肖・宮嶋 最後の戦場』（文藝春秋、二〇二二年）
小川清史・他『陸・海・空 軍人によるウクライナ侵攻分析』（ワニブックス、二〇二二年）

渡部悦和・他『ロシア・ウクライナ戦争と日本の防衛』（ワニブックス、二〇二二年）
東大作『ウクライナ戦争をどう終わらせるか』（岩波新書、二〇二三年）
『ロシア軍&ウクライナ軍　兵器大研究』（『丸』別冊、二〇二二年九月）
月刊『軍事研究』（ジャパン・ミリタリー・レビュー、各号）

主要参考ウェブサイト／記事
朝日新聞、読売新聞、毎日新聞、日本経済新聞、東京新聞、AP通信、時事通信、ロイター通信、BBC、CNN、NHK、BS-TBS（報道1930）、BSフジ（プライムニュース）、ウォール・ストリート・ジャーナル（日本版）、ニューズウィーク（日本版）、防衛省HP「ウクライナ」、AEI（アメリカン・エンタープライズ研究所）
Oryx Blog、ISW（米戦争研究所）、The Moscow Times、Kiel Institute for the World Economy、Statista Research Department、Our World in Data、Wikipedia: Timeline of the Russian invasion of Ukraine

秦 郁彦　1932年生まれ。現代史家。東京大学法学部卒。プリンストン大学、千葉大学、日本大学などで歴史学教授を歴任。『慰安婦と戦場の性』『陰謀史観』『明と暗のノモンハン戦史』など著書多数。

Ⓢ新潮新書

1000

ウクライナ戦争の軍事分析

著 者　秦 郁彦

2023年6月20日　発行

発行者　佐 藤 隆 信

発行所　株式会社 新潮社

〒162-8711　東京都新宿区矢来町71番地
編集部(03)3266-5430　読者係(03)3266-5111
https://www.shinchosha.co.jp

装幀　新潮社装幀室

図版製作　クラップス

印刷所　大日本印刷株式会社

製本所　加藤製本株式会社

ISBN978-4-10-611000-9　C0231

価格はカバーに表示してあります。

Ⓢ新潮新書

951
自衛隊最高幹部が語る台湾有事
岩田清文　武居智久
尾上定正　兼原信克

自衛隊の元最高幹部たちが、有事の形をリアルにシミュレーション。政府は、自衛隊は、そして国民は、どのような決断を迫られるのか。「戦争に直面する日本」の課題をあぶり出す。

952
「脱・自前」の日本成長戦略
松江英夫

日本の低成長の原因は「自前主義」にある。デジタル活用と外部連携で、自らの強みを再発見し、社会全体としての最適を目指す。日本を成長へと導く戦略と方法論を提言。

953
韓国民主政治の自壊
鈴置高史

「従中・反米・親北」路線を貫き、民主政治を壊し続けた文在寅大統領。彼にクビにされた検事総長が新大統領になった今、韓国は変わるのか。朝鮮半島「先読みのプロ」による観察。

954
桑田佳祐論
スージー鈴木

《勝手にシンドバッド》から《ピースとハイライト》まで、サザン&ソロ26作を厳選。「胸さわぎの腰つき」「誘い涙の日が落ちる」などといった歌詞を徹底分析。その言葉に本質が宿る!

955
よくも言ってくれたよな
中川淳一郎

スマホ奴隷とマスク信者で国滅ぶ。世界の流れに逆行し、政府とメディア、「専門家」は人々をいかに悪者探しに駆り立ててきたか。コロナ狂騒のドキュメント。

Ⓢ新潮新書

956 異論正論 石破茂

経済、医療、安全保障等々、先送りのツケは溜まっていくばかり。次の世代が負債を背負わされ、国が滅びるのを見過ごしてはならない。政界きっての政策通が正面から語る論考集。

957 スマホで薬物を買う子どもたち 瀬戸晴海

絵文字に隠語、秘匿アプリ……浸透したSNSとスマホを介した「密売革命」によって、若者たちの薬物汚染が急速に蔓延している。元「マトリ」トップが実例とともに警鐘を鳴らす。

958 韓国 超ネット社会の闇 金敬哲

BTS、BLACKPINK、『イカゲーム』など、世界を席巻した韓流コンテンツから韓国内を震撼させたダークウェブ極悪犯罪まで、一生のうち約34年をネットに費やす人たちの実態とは？

959 ストレス脳 アンデシュ・ハンセン 久山葉子訳

人類は史上最も飢餓や病気のリスクから遠ざかった。だが、なぜ「不安」からは逃れられないのか。世界的ベストセラー『スマホ脳』の著者が最新研究から明らかにする「脳の処方箋」。

960 松田聖子の誕生 若松宗雄

「すごい声を見つけてしまった」。一本のカセットテープから流れる歌声が、松田聖子の始まりだった。伝説的プロデューサーが初めて明かす16歳の素顔、デビュー秘話、大スターへの軌跡。

新潮新書

966
芸能界誕生
戸部田誠(てれびのスキマ)

日劇ウエスタン・カーニバル、テレビの時代、スター誕生の物語……「芸能界」というビジネスは、いかにして始まったのか――。貴重な証言をもとに、壮絶な舞台裏を初めて明かす!

967
あなたの小説にはたくらみがない
超実践的創作講座
佐藤誠一郎

面白い小説は、こうして作られる――入選する作品と落選する作品、いったい何がどう違うのか? 小説の基礎から応用テクニックまで実例を交えてわかりやすく教える。

968
バカと無知
人間、この不都合な生きもの
橘 玲

50万部突破『言ってはいけない』著者の最新作。キャンセルカルチャーは快楽?「子供は純真」か?「きれいごと」だけでは生きられないことを科学的知見から解き明かす。

969
ドーパミン中毒
アンナ・レンブケ
恩蔵絢子訳

快感に殺される! ゲーム、アイドル、SNSから酒、セックス、ドラッグまで「脳内麻薬」が依存症へと駆り立てる。スタンフォード大教授の第一人者による世界的ベストセラー、上陸。

970
その対応では会社が傾く
プロが教える危機管理教室
田中優介

「相手の怒りを吸い取る話術」「楽観役、悲観役を決めて未来予測」「社員同士の不倫を見抜くには」――。実例をまじえたゼミ形式で学ぶ、組織ディフェンスの〝強化書〟。

Ⓢ新潮新書

971
山奥ビジネス
一流の田舎を創造する
藻谷ゆかり

人口減？　地方消滅？　悲観するな。日本の田舎は宝の山だ！　高付加価値の山奥ビジネスや、明快なコンセプトを掲げて成功した自治体の事例から、「一流の田舎」の作り方を考える。

972
デマ・陰謀論・カルト
スマホ教という宗教
物江潤

反ワクチン、Qアノン、闇の政府、ゴム人間etc. こんなトンデモ話、誰が信じるのか？　ネット上の陰謀論やデマを妄信する人々＝「スマホ教徒」の正体を、気鋭の論客が徹底分析！

973
水道を救え
AIベンチャー「フラクタ」の挑戦
加藤崇

水メジャーの台頭、民営化に揺れる日本――現状把握のため、「寿命」が見えない地中の水道管をAIで診断する「フラクタ」のインフラ革命に、世界が驚嘆！　若き起業家が語る。

974
学歴攻略法
コスパで考える
藤沢数希

中高一貫校か公立中高コースか？　大手塾の仕組みは？　理系は医学部に行くべきか？　正しい英語の勉強法は？　子供が受験で勝つため、親が知っておくべき実践的「損益計算書」。

975
プリズン・ドクター
おおたわ史絵

純粋に医療と向き合える「刑務所のお医者さん」は私の天職でした――。薬物依存だった母との関係に思いを馳せつつ、受刑者たちの健康改善のために奮闘する「塀の中の診察室」の日々。

新潮新書

976
誰が農業を殺すのか
窪田新之助
山口亮子
農家の減少は悪いことではない。「弱者である農業と農家は保護すべき」という観念から脱却し、産業として自立させよ！　農業ジャーナリストが返り血覚悟で記した「農政の大罪」。

977
寿命ハック
死なない細胞、老いない身体
ニクラス・ブレンボー
野中香方子訳
「老い」を攻略せよ！　最新の科学研究から導き出された寿命の未来を、若き分子生物学者が分かりやすく解説。世界22ヵ国で注目のベストセラー、ついに日本上陸!!

978
シチリアの奇跡
マフィアからエシカルへ
島村菜津
「ゴッドファーザー」の島から、オーガニックの先進地へ。本当のSDGsは命がけ。そんな、諦めない人たちのドキュメント。新しい地域おこしはイタリア発、シチリアに学べ！

979
流山がすごい
大西康之
「母になるなら、流山市。」のキャッチコピーで、6年連続人口増加率全国トップ――。流山市在住30年、気鋭の経済ジャーナリストが、徹底取材でその魅力と秘密に迫る。

980
正義の味方が苦手です
古市憲寿
正しすぎる社会は息苦しい。戦争が起き、元総理が殺され、コロナは終わらない。揺らぐ社会をみつめ考えた、「正しさ」だけでは解決できない現実との向き合い方。

Ⓢ新潮新書

981
悪さをしない子は悪人になります
廣井亮一

非行少年であっても、正しく位置づけられた「悪」は、人生をプラスの方向に導くためのエネルギーとなる――。数百人の非行少年を更生に導いた元家庭裁判所調査官が説く「悪理学」。

982
患者が知らない開業医の本音
松永正訓

「儲かってる?」なんて聞かないで。開業資金、患者の取り合い、医師会、クレーマー、コロナで収入激減、自身の闘病――。勤務医を辞めてクリニックを設立した舞台裏、すべて書きました。

983
脳の闇
中野信子

承認欲求と無縁ではいられない現代。社会の構造的病理を誘うヒトの脳の厄介な闇を解き明かす。著者自身の半生を交えて、脳科学の知見を媒介にした衝撃の人間論！

984
ＮＨＫ受信料の研究
有馬哲夫

「ＮＨＫは公共放送だから受信料が必要」はプロパガンダに過ぎない。放送法制定に携わったＧＨＱ側の貴重な証言を盛り込みながら、巨大メディアのタブーに斬りこむ刺激的論考。

985
山本由伸 常識を変える投球術
中島大輔

肘は曲げない、筋トレはしない、スライダーは自ら封印……。「規格外れ」の投手が球界最高峰の選手に上り詰めた理由は何なのか。野球を知り尽くしたライターが徹底解読する。